家政服务入门系列

家政服务员

杨飞 黄河 主编

JIAZHENG FUWUYUAN
RUMEN

入门

U0264618

 化学工业出版社

·北京·

《家政服务员入门》一书依据家政服务员国家职业技能标准中有关初级技能的要求编写，主要内容有：岗位要求、基础知识、社交礼仪、法律常识、日常烹饪技能、家居清洁技能、衣物洗涤技能、照顾孕产妇技能、照料婴幼儿技能、照料老年人技能、护理病人技能、采购日常生活用品、看护宠物。

《家政服务员入门》一书可以作为初级家政服务员的工作手册，也可作为家政服务的培训者和学习者的参考用书。

图书在版编目（CIP）数据

家政服务员入门/杨飞，黄河主编． —北京：化学工业出版社，2016.7
（家政服务入门系列）
ISBN 978-7-122-27129-7

Ⅰ．①家…　Ⅱ．①杨…②黄…　Ⅲ．①家政服务－基本知识　Ⅳ．①TS976.7

中国版本图书馆CIP数据核字（2016）第111407号

责任编辑：刘　丹　陈　蕾　　　　　　　　　装帧设计：尹琳琳
责任校对：程晓彤

出版发行：化学工业出版社（北京市东城区青年湖南街13号　邮政编码100011）
印　　装：三河市万龙印装有限公司
710mm×1000mm　1/16　印张14¹/₂　字数208千字　2016年8月北京第1版第1次印刷

购书咨询：010-64518888（传真：010-64519686）　　售后服务：010-64518899
网　　址：http://www.cip.com.cn
凡购买本书，如有缺损质量问题，本社销售中心负责调换。

定　　价：39.80元　　　　　　　　　　　　　　　版权所有　违者必究

前言

PREFACE

近年来，家政服务业快速发展，一些家政服务企业正引领着这个行业经营上规模、服务上档次、管理上水平，不断提高家政服务的水平，推进家政服务业规范化、职业化发展。

现在家政服务员、育婴员和养老护理员更是日益紧俏，因为需求的增加，他们的工资也在水涨船高，紧逼白领。虽然市场正在走向规范化，但毕竟还是在摸索阶段，家政服务员的专业性和素质管理缺乏系统性。由于从业人员整体素质水平参差不齐、专业科学知识匮乏，他们与用工方在工作内容上时有矛盾，在现实生活当中存在的问题常难以调和。而且从业人员大部分为自学人员，没有经过专业的培训和学习，对家庭服务、婴幼儿教育和老人护理缺乏完整的认知，许多问题都需要加以正确的引导和管理。

基于家政服务人员业务技能的需要及政策的优惠，编者根据自己多年的实际经验，编写了《家政服务员入门》，本书对作为一名初级家政服务员应知应会的家政服务知识及操作技术作了详细的描述。主要包括：

★岗位要求   ★照顾孕产妇技能

★基础知识   ★照料婴幼儿技能

★社交礼仪   ★照料老年人技能

★法律常识   ★护理病人技能

★日常烹饪技能   ★采购日常生活用品

★家居清洁技能   ★看护宠物

★衣物洗涤技能

当然，在不同人的眼中，对家庭服务业也有着不同的理解。编者只是从个人的角度对家庭服务业进行观察、解读。

本书由中国康复医学会物理治疗学组委员、康复医学硕士、深圳职业技术学院医学技术与护理学院讲师杨飞和中国康复医学会作业治疗委员会理事、深圳市残疾人辅助器具资源中心评测主任黄河主持编写。同时，参与编写和提供帮助的还有张新荣、方菊仙、余红萍、万仁元、李芬、刘春香、戈玉琼、谭童方、庄纳、刘妮、丁红梅、王月英、王群国、陈秀琴、陈宇、刘俊、刘云娇、李敏、李宁宁、张桂秀、罗玲、齐艳茹、赵艳荣、何春华、黄美、匡仲潇。在此对他们一并表示感谢！

本书适合于与家政服务从业人员参考使用。由于编者水平有限，加之时间仓促，错误疏漏之处在所难免，敬请读者谅解，并不吝赐教，批评指正。

编　者

目 录
CONTENTS

第一章
岗位要求
/001

第四章
法律常识　　　　　　/028

第五章
日常烹饪技能

第六章
家居清洁技能

/060

第七章
衣物洗涤技能
/091

第八章
照顾孕产妇技能

第九章
照料婴幼儿技能 / 122

第十章
照料老年人技能

第十一章
护理病人技能

第十二章
采购日常生活用品

/189

第十三章
看护宠物

/197

附录
家政服务员国家职业技能标准
（2014年修订）（节选）

Domestic Helper

第一章
岗位要求

第一节　岗位职责

国家职业标准把家政服务员（家庭服务员）定义为：以家庭为主要服务对象，其工作职责是制作家庭餐，家庭保洁，衣物洗涤，家庭护理，照顾婴幼儿、老人、病人，还要看护雇主家的宠物等，以及家庭日常生活事务。

职责01　制作家庭餐

制作家庭餐的工作内容包括：

（1）灶具及厨具的使用　掌握厨房各种灶具和厨具的使用方法；

（2）多口味食物制作　根据雇主家庭成员的生活习惯及口味制作一日三餐；

（3）营养搭配　根据家庭成员的营养需要以及季节的变化，有针对性地搭配食物；

（4）食品卫生　严格按照各类食材的不同清洗方法进行清洗，做好食材的储存和保管工作，定期清理食材，确保所有食材都在保质期内。

职责02　家居卫生

对于家居卫生不同地方有不同的要求，具体见表1-1。

表1-1　家居卫生的要求

序号	类别	具体要求
1	厨房卫生	① 清洁炊具：对各种炊具可能沾染的污垢、油垢、烟垢进行有效的清除； ② 洗菜盆的下水管去味：保持下水管清洁卫生，清除异味，保证下水管畅通； ③ 清洁纱窗、墙面：掌握纱窗和瓷砖墙面上沾染的污垢、油垢的清除方法，要经常保持洁净卫生； ④ 掌握抽油烟机的清洗方法，定期把抽油烟机的集油盒、内部网面粘了油的地方清理干净

续表

序号	类别	具体要求
2	居室卫生	① 居室除味：保证居室内空气流通，消除香烟、垃圾、鞋袜、油漆、霉变等产生的异味； ② 居室除虫：消除蚊蝇、蟑螂、蚂蚁及老鼠； ③ 居室打扫：针对卧室、客厅及卫生间等不同环境，进行正确有效的清洁工作
3	衣物卫生	① 衣物洗涤：针对不同质地的衣料采用正确的洗涤方法，掌握清除各种污迹的方法，如了解内衣的卫生、洗涤要求； ② 衣物保养：针对毛纺织物、丝绸、棉布、皮革等不同材料的衣物，采取合理的保养措施； ③ 衣物熨烫：根据衣物质地、材料，正确运用熨烫方法； ④ 其他用品：懂得各种材料制作的领带、鞋袜、手套、帽子的清洗和保养方法
4	家居设施的清洗与保养	① 地毯、地板、地砖和大理石的清洗与去垢； ② 墙板、瓷砖、壁纸的清洗与去污； ③ 窗帘、床上用品的清洁与保养； ④ 木制或其他材料家具的清洁与保养； ⑤ 灯具、门窗的清洁与保养

职责03 看护孩子、照顾老人

1.看护孩子

① 保证孩子的人身安全；

② 婴幼儿食品的制作及人工喂食；

③ 婴幼儿患病期间的看护，清楚药品的识别与服用方法；

④ 学前儿童的看护，照顾儿童的饮食、睡眠、玩耍等；

⑤ 接孩子上、下学，照顾饮食，督促其完成家庭作业。

2.照顾老人

① 保证老人的人身安全；

② 照顾老人锻炼和休息，为其安排好饮食；

③ 帮助老人打理日常生活，照料洗漱起居；

④ 护理生活不能自理的老人，保持个人卫生；

⑤ 护理患病老人，协助老人定时服药和适量活动。

职责04 护理孕、产妇及新生儿

护理孕、产妇及新生儿的要点见表1-2。

表1-2　护理孕、产妇及新生儿的要点

序号	类别	具体要求
1	孕妇	① 根据孕妇的饮食需要，制作适合孕妇食用的孕妇餐； ② 协助孕妇洗浴； ③ 孕妇的常见症状处理和疾病的预防、护理； ④ 协助孕妇正确用药
2	产妇	① 掌握产妇的饮食需要，做好产妇的饮食护理； ② 根据产妇哺乳期的身体特点、常见疾病，保证产妇的哺乳期健康； ③ 产妇缺乳的护理； ④ 指导产妇做产后形体恢复体操等，帮助产妇尽快恢复身材
3	新生儿	① 了解新生儿的生理特点，进行科学合理的日常护理； ② 为新生儿喂哺与喂药； ③ 新生儿常见疾病的护理，如肺炎、脐炎、红臀等； ④ 早产儿的科学护理

职责05 护理病人

1.病人的日常护理

① 病人的饮食、服药、洗浴及户外活动等；

② 预防病人发生褥疮、关节变形等；

③ 为病人进行口腔护理，预防呼吸道感染；

④ 陪伴病人并维护病人的心理健康。

2.常见疾病的护理

掌握常见疾病，如感冒、急性胃炎、糖尿病、癫痫等疾病的护理方法。

职责06 采购日常生活用品

帮助雇主采购一些日常生活用品，如蔬菜、肉类、水果、饮料、洗衣粉、洗洁精、洗发水等。

职责07 看护宠物

对于不同的宠物，其看护要点也不一样，具体见表1-3。

表1-3　不同宠物的看护要点

序号	类别	具体要求
1	景观鱼	① 定时、定量、定点喂食； ② 清洁鱼缸
2	宠物猫	① 养猫的基本用品； ② 定时、定量、定点喂食； ③ 清洁与调教宠物猫
3	宠物狗	① 定时、定量、定点喂食； ② 大小便训练； ③ 清洁与调教宠物狗； ④ 遛狗的注意事项
4	宠物龟	① 养龟的基本用品； ② 定时、定量、定点喂食； ③ 清洁宠物龟

第二节　职业道德

职业道德是指从业人员在职业活动中应遵循的行为准则，是对从业人员在履行职业责任过程中的特殊道德要求。其基本规范是：爱岗敬业，诚实守信，办事公道，服务群众，奉献社会。

道德01 自觉践行职业道德

家政服务员从进入所服务的家庭起，就开始了自己的职业活动。在履行职业责任的过程中，要严格按照职业道德要求规范自己的行为，自觉践行职业道德。

1.进入家庭，了解家庭

家政服务员进入雇主家庭，虽不是其家庭成员，但与这个家庭一起

生活，又类似家庭成员。因此，要细心了解这个家庭，实践家庭美德的要求，积极参与文明家庭建设。

2.尊重和关心家庭成员

家政服务员要处理好同雇主家庭的人际关系，尊重和关心所服务家庭的每个成员，热情友好，忠厚本分，通过诚实劳动和良好的品质赢得雇主家庭成员的信任。

3.掌握家庭特点

职业道德同履行职业责任是紧密联系的。家庭服务工作以满足家庭生活需要为核心，所以家政服务员要掌握雇主家庭的需求特点，尊重雇主家庭成员的生活习惯，尽心尽力做好各项服务工作，展现出自觉主动的工作精神。

道德02 遵守职业守则

家政服务员的职业守则是家政服务员在职业岗位上的具体的行为规范，每位家政服务员都要身体力行、自觉遵守。

1.遵纪守法，维护社会公德

（1）遵纪守法　遵纪守法是公民应尽的责任与义务。法律本身体现着包括职业道德在内的精神，是培养和推进职业道德的有力武器。

（2）维护社会公德　社会公德是所有社会成员在公共生活领域中应遵循的基本道德规范。我国宪法明确规定："国家提倡爱祖国、爱人民、爱劳动、爱科学、爱社会主义的公德。"

2.发扬"四自"精神

"四自"指的是"自尊、自爱、自立、自强"。家政服务员需要用"四自"精神武装自己。在工作中应特别注意解决以下两方面的问题。

（1）克服心理劣势，走出观念误区　从事家庭服务工作的妇女，要改变进入家庭为家庭服务是低人一等和家务事谁都能干的心理，要明白家政服务员这一职业并不是一项简单的工作，它不仅需要有较高的道德品质、文化素质，而且要有较丰富的知识和操持家务事的技能技巧。

（2）改变文化知识不足的劣势，提高自身素质　家庭服务行业是一个新兴行业，广大妇女在这一行业中有着一定的优势，所以应当变自卑为自信，充分发挥自己的潜力和优势，成为家庭服务行业中的行家里手。

3.文明礼貌，守时守信

（1）讲文明、讲礼貌　家政服务员进入雇主家庭后，虽然身在这个家庭中，又不完全是这个家庭的成员，因此，文明执业更加重要。要讲文明、讲礼貌，正确地对待雇主家庭中的每一个人，无论是小孩、老人，还是家庭成员的朋友或亲戚，在为他们服务时都要一视同仁、以诚相待。

（2）守时守信　守时守信是一种优良品质。家政服务员的工作是同人打交道的工作，只有具备这种品质，才能成为家庭中可靠、可信的人。

4.勤奋好学，精益求精

勤奋好学，精益求精，这也是家政服务员必须具备的优良品质。在雇主家庭中无论是对家务事管理，还是洗衣、做饭，都需要大量的知识和技术技能。家庭中聘请家政服务员的目的是希望不断提高家庭生活质量，因此家政服务员只有勤奋好学，才能掌握管理家庭事务的知识，学到为家庭生活服务的技术技能。

5.尊重雇主，忠厚诚实，不涉家私

（1）尊重雇主　家政服务员自进入雇主家庭开始，就要同家庭中的每个成员打交道。要与雇主家庭建立起良好的人际关系，首先要尊重雇主，尊重这个家庭的各种习惯，并尽力满足各种需求，以完成自己的任务。

（2）忠厚诚实　家政服务员进入家庭之后，态度和蔼可亲，对待雇主家庭成员热情友好，对自己的服务工作尽心尽力、忠诚本分，就可以得到雇主的认可，取得雇主的信任。

（3）不涉家私　从事家庭服务工作，必须得到雇主家庭的信任，但是家政服务员一定要尊重雇主家庭及其成员的隐私，对雇主家庭中自己不应知道的事，要做到不闻不问。遇到雇主家庭内部发生矛盾时，不要主动参与，更不能偏袒一方或者说三道四，需要劝解时也只能适可而止。

第三节　工作细节

家政服务员在工作中所做的都是一些小事，都是由一些细节组成的，只有具备高度的敬业精神、良好的工作态度，认真对待工作，将小事做细，才能在细节中找到创新与改进的机会，从而不断提高工作效率，让雇主越来越满意。

细节01　掌握好工作原则的同时应注意的细节

（1）工作早安排、巧计划　每周、每日、每时要做哪些事，先干什么、后干什么，如何干，都要有统一安排。

（2）工作时应注意合理搭配　如可一边煮饭一边择菜，一边扫地一边整理，从而达到省时、高效、省力。

（3）分清主次、繁简、急缓，劳逸结合　做到先繁后简、先急后缓、先主后次、有劳有逸。

（4）主动协商，争取合作　做事要主动、多和雇主商量，听取意见和建议，搞好协作。

细节02　初到雇主家应注意的细节

①了解并牢记雇主的家庭住址及周围与服务相关的场所和服务时间。

②了解所服务家庭成员的关系和有紧急事务时应找的人的电话和地址。

③了解雇主对服务工作的要求和注意事项。

④了解所照看的老人、病人、小孩的生活习惯、脾气。

⑤了解所服务家庭成员的性格、爱好，工作、生活习惯与时间安排，饭菜口味及家庭必要物品的摆放位置。

⑥需了解的事要多问，但雇主家庭成员互相议论的事不参与、不传话。

⑦ 不领外人到雇主家中，不要进门就打电话，即使有必要接听和拨打电话时，通话时间也要尽量缩短。

⑧ 做错了事情要如实讲述，以后要注意改正。

📖 细节03 与雇主相处应注意的细节

① 尊重雇主的生活习惯，懂得作息起居，保持生活环境的安静。不要在雇主睡后和未起床时大声喧哗，做事时尽量避免发出声响，不影响雇主休息。

② 尊重雇主的饮食习惯，按雇主的要求合理搭配菜肴，并正确理解是否同时、同桌进餐。不要固执己见，应善意理解并懂得友好合作。

③ 合理使用家庭卫生设施，按区域进行洗、梳、理。吃饭时少说话，与人说话保持距离，不许勾肩搭背，清除口中异物，吐痰应去洗手间。

④ 经手账目清楚，不得做假。

⑤ 讲礼节、懂分寸、诚实做人，做到雇主在与不在一个样。未得到雇主允许不要私自使用家庭电话，或将电话号码告诉他人，避免给雇主带来不必要的干扰。

⑥ 爱护雇主的各类日用物品，并按合理的方法保管。不要在未得到允许的情况下为我所用，更不得将其占为己有。

⑦ 与雇主友好相处，在得到雇主允许时方可休息或请假。不要擅自做主，更不可顶撞雇主。绝对不能赌气出走。

⑧ 提高安全意识，杜绝各种事故的发生，懂得一般安全、交通规则，学会用备忘录记事，熟知前往方向与返回时的乘车线路。

⑨ 牢记和会使用几个应急电话号码：报警电话"110"、火警电话"119"、急救电话"120"、交通事故电话"122"，并牢记所在区域内的物业报修电话、煤气抢修电话以及雇主的电话，并能冷静地处理相关事情。

⑩ 要时刻提醒自己安全使用各种电器及燃气用具，做好"四防"（防水、防电、防盗、防事故）工作。

Domestic Helper

第二章
基础知识

第一节　就业常识

常识 01　正确认识家政服务员职业

当前，国家大力发展家庭服务业，陆续出台相关政策、措施，家政服务员也会越来越得到社会的尊重。

常识 02　克服世俗观念和自卑心理

家政服务员要抬起头来，以和雇主平等的态度去工作，关键是提高自己的综合实力，才更能得到雇主的尊重。

常识 03　客观评价自我

家政服务员要客观地看到自身的劣势和缺点，主动反省，以积极的态度去避免或改变劣势，克服缺点，努力变劣势为优势。

常识 04　要有明确的职业定位

家政服务员是一个特殊的职业，她们作为非家庭成员进入一个家庭中，承担着这个家庭的某些职责（如操持家务、照料婴幼儿等），作为职业人员，努力完成合同规定的服务内容是职责所在。

第二节　安全常识

常识 01　居家安全常识

1.家庭防火

家庭防火主要有三个方面，具体的防范及处置方法见表2-1。

表2-1 家庭防火的三个方面及处置方法

序号	类别	具体说明
1	家庭火灾的起因	① 电器问题引发； ② 煤气、液化气、天然气引发； ③ 意外情况引发
2	家庭火灾的防范	① 注意用电安全，掌握正确的家电使用方法； ② 如电器突然出现故障，应立即切断电源； ③ 其他情况：如关注吸烟，制止儿童玩火，经常检查炉子周边是否有易燃物品
3	家庭火灾的处置与自救	（1）火灾的处理原则：沉着冷静，依据火情大小做出判断，扑救的同时要大声呼喊雇主或街坊邻居帮助扑救，同时及时切断内电源、气源。如火势很大，要立即拨打火警电话"119"，并说清楚火灾地点、起火原因、联系电话、报警人姓名等。 （2）灭火方法的选择：用水、灭火器或其他方式灭火。如炒菜时油锅起火可迅速盖上锅盖，将火压灭；如液化气罐阀门处起火，可用大块湿毛巾或湿棉被将火源压住，使其与空气隔绝，将火扑灭；如是电器引起的火情，可用干粉灭火器扑灭。 （3）火灾逃生： ① 火势尚不大，则可身披棉被、毯子从火中冲下楼，逃离时应随手关门以减小火势； ② 试开门窗，若有烟火窜入，则应立即关闭，用衣物将门窗缝堵死，以防烟雾进入； ③ 用水（尿）把毛巾、手帕浸湿后捂住口鼻，同时以俯身或爬行的方法尽快脱离火区； ④ 可用绳子或由撕开的被单连接成布条下滑逃生

2.家庭防盗、防抢劫

盗窃与抢劫的特点及防范见表2-2。

表2-2 盗窃与抢劫的特点及防范

序号	类别	具体说明
1	盗窃与抢劫的特点	（1）犯罪嫌疑人的一般特点：身份、性别、年龄难以确定，一般以男性居多。 （2）犯罪嫌疑人的作案手法很多：有流窜作案，也有预谋作案。 ① 流窜作案是指犯罪分子事先没有预谋，没有固定的作案目标，他们以找人、推销商品、收购废品等为由穿梭在居民区内，趁居民不备干着顺手牵羊的勾当。有些还可能冒充查抄水表、电表、燃气表的工人，甚至还会冒充雇主的朋友、熟人，骗开房门，进入室内作案。 ② 预谋作案是指犯罪分子有准备、有预谋的作案。这类案件主要特点是针对性强，高档住宅、豪华别墅是他们的首选目标

续表

序号	类别	具体说明
2	盗窃与抢劫的防范	① 防范原则：雇主的家庭安全原则，主要体现在技术防范和意识防范两个方面。 ② 防范意识：家政服务员对雇主家庭安全防范的警惕性要高。 ③ 防范措施：关好门窗，雇主离开家后，服务员应将防盗门插上，不可轻易让陌生人进门，以防不测。 ④ 以预防为主，犯罪嫌疑人进入雇主家庭实施犯罪时，如条件允许应立即拨打"110"报警。无论采取何种方式都要注意保护好自己及雇主家人的生命安全

3.家庭防意外

家庭的意外事故发生有很多种，在不同情况下，其处理方法也不同，具体见表2-3。

表2-3　家庭意外事故的处理方法

序号	类别	具体说明
1	突发疾病	如病人突然晕厥或者遇心脏病患者发作时，可迅速帮病人服下硝酸甘油或速效救心丸等急救药品，再迅速拨打急救电话"120"
2	触电	① 如遇触电情况，应迅速切断电源； ② 轻者可就近平卧休息1～2小时，同时注意观察其变化； ③ 对心跳、呼吸均已停止的触电者，必须现场进行人工呼吸及胸外心脏按压，并注意在送往医院的途中仍要坚持
3	燃气泄漏中毒	① 要经常检查灶具、气罐、管道、管路连接处有无漏气现象； ② 在做饭或烧水时最好打开门窗；在使用燃气热水器时，要将窗户打开，以利于通风换气； ③ 使用燃气灶时应注意，人不要长时间离开，以免风吹灭火苗或汤汁溢出浇灭火苗； ④ 有漏气时切忌点火，应先关闭总阀门，打开门窗彻底通风，待修理好后再使用； ⑤ 使用燃气后应关闭总阀门，以防气体泄漏； ⑥ 对于中毒症状较轻者，可给其喝热浓茶水
4	学会使用各种水龙头	掌握旋转式、下压式、提拉式、红外感应式等水龙头的使用方法
5	摔伤	① 地板滑引起的摔伤 ② 卫生间洗浴引起的摔伤 ③ 上下楼梯不小心引起的摔伤 ④ 走路不小心绊倒引起的摔伤

续表

序号	类别	具体说明
6	烫伤、烧伤	① 高压锅使用不当 ② 粗心大意
7	使用电熨斗	家政服务员在使用电熨斗后应立即关闭电源，拔下插头，以免引起火灾
8	房门反锁	遇上房门被反锁的情况要及时打电话给雇主，让其想办法解决。如此时孩子或卧床的病人正在家中，或炉火上正做着饭等，可打"110"请民警帮助
9	物品摆放	放置较大饰物时，要考虑其稳定性；地面上的饰物，要考虑其防滑性，如门垫、卫生间脚垫

4.安全用电常识

安全用电的基本常识见表2-4。

表2-4　安全用电的基本常识

序号	类别	具体说明
1	电器的分类	① 照明电器：顶灯、壁灯、台灯等； ② 食品加工电器：电饭煲、电磁炉、电饼铛、豆浆机、微波炉、电烤箱等； ③ 消毒电器：消毒柜、紫外线消毒仪等； ④ 制冷电器：电冰箱、空调机等； ⑤ 娱乐电器：手机、电脑、电视机等； ⑥ 保洁电器：吸尘器、洗衣机、抽油烟机、排风扇等； ⑦ 保健器具：电动按摩椅、跑步机等； ⑧ 其他电器：电熨斗、电风扇、电暖器等
2	安全用电基本方法	电器在使用过程中产生一定的热量，如使用不当或出故障时，会导致线路的熔丝熔断，或电路保护装置自动断开（俗称"跳闸"），此时应请专业人员进行检查与维修
3	常见家用电器安全使用方法	① 要掌握一般家用电器的使用方法。对没见过和使用过的家用电器，应在雇主指导下使用。 ② 使用中电器出现故障或异常情况，应立即切断电源，同时通知雇主或专业人员前来维修。 ③ 家政服务员在日常生活与从事保洁过程中，严禁用湿手插或拔电器的插头。禁止用带水的抹布擦拭电器开关、插座表面，以免造成电线短路，引发火灾。 ④ 电饭锅使用时，要将内锅的外表面擦干，煮好后拔下电源。 ⑤ 电冰箱内外切忌溅水，以免引起漏电、金属件的锈蚀及其他故障

📖 常识02 出行安全常识

1.交通标志

（1）红绿灯　在十字路口，四面都有悬挂着红、黄、绿三色交通信号灯。

（2）人行横道、过街天桥、地下通道

（3）隔离墩、护栏

（4）铁路道口

2.乘坐公交车辆的注意事项

① 等车时应在规定的位置按照先后次序排队上车。乘坐地铁、城铁时必须站在黄色隔离线外等候，以免发生危险；

② 上车时，应等车辆停稳，待车上乘客下车后，再按照排队顺序依次上车；

③ 乘车途中不能将头和手伸出窗外，不要向窗外乱扔废弃物品；

④ 不携带危险品和有碍乘客安全的物品乘车。

3.交通事故的应对

一般磕碰，协商解决；如事故严重，则迅速拨打"122"报警电话。要注意保护现场，并留下肇事人员的姓名和有效证件，记下车牌号。

4.外出注意事项

① 陪同儿童上街时，不要让孩子在马路上随意乱跑，离开你的视线；更不能让孩子乱穿马路，特别是不能在汽车前后急穿马路。

② 陪同老年人外出时，注意行走速度，遇到路面不平、湿滑、有台阶时要注意搀扶。

📖 常识03 人身安全和自我保护

1.社会交往安全

（1）常见不良行为及处理

① 不认识的"老乡"，不要轻易相信，防止上当受骗；

② 在公共场所，不相识的人与你乱拉关系时，不要轻易与人交谈；

③ 不要贪小便宜，防止落入圈套（如调包计、麻醉抢劫、诈骗、拐

卖等）；

④ 不在雇主家和家政公司以外的地方住宿，凡事要三思而后行。

（2）如何对付性骚扰

① 家政服务员要避免性骚扰，首先要自尊、自强、自重、自立；作为女性，不必为名利而失去做人的尊严。

② 在着装时要朴素、大方，不可过紧、过短，尽量不要袒胸露背。

③ 言行举止要稳重端庄。有时候女性自己举止轻佻或言语随便，也会导致男性想入非非。

④ 求助于法律。我国法律对于严重的性骚扰即流氓行为，目前仍沿用《中华人民共和国刑法》第二百三十七条的规定："侮辱妇女或者进行其他流氓活动者，处七年以下有期徒刑、拘役或者管制。"

2. 谨防诈骗

图2-1所示是诈骗分子常用的手段。

方式一	骗子谎称自己手中有贵重的金银珠宝或贵重药材，因急需用钱低价出手，此时周围会出现一些所谓懂行的人，认定转手就能够卖到好价钱，急于购买但是没有足够的钱，于是就千方百计地引诱诈骗对象，拉他共同购买，达到诈骗的目的
方式二	骗子谎称自己正在寻找神医，诱使诈骗对象与自己共同去寻找神医，在寻找的过程中，套出对方情况，找到神医后，神医会立即说出受骗者家中情况，使受骗者深信不疑，并告知家中要有血光之灾，诈骗花钱免灾

图2-1 诈骗分子常用的手段

3. 服务环境安全

（1）自我安全保护　家政服务员是以个体形式进入雇主家庭、单独进行工作的一种比较特殊的职业，因此必须懂得一些呼救常识，而学会自我保护尤为重要。

（2）突发情况的处置　遇到异性雇主企图强行非礼，要沉着冷静，要有勇气，要在气势上压倒对方。如对方仍执迷不悟，在可能的情况下采取有效措施制止对方对你的性侵害，如打碎玻璃窗、大声呼救等。

（3）学会用法律武器保护自己

（4）防止家庭虐待　雇主虐待家政服务员的言行表现及预防方法见表2-5。

表2-5 雇主虐待家政服务员的言行表现及预防方法

序号	类别	具体说明
1	言行表现	① 不尊重家政人员的人格与劳动,随意打骂侮辱家政服务员,言行下流,甚至动手动脚; ② 经常不让家政服务员吃饱,天天让家政服务员吃剩饭、剩菜; ③ 随意增加合同以外的内容,无故拖欠、压低、克扣家政服务员的工资; ④ 故意延长劳动时间,使得家政服务员没有基本休息时间; ⑤ 挑剔家政服务员的一举一动,甚至挖苦、嘲讽、打击家政服务员; ⑥ 随意干涉家政服务员的私人事务,限制其通信、交往、出入及人身自由
2	预防方法	① 应该从提高自身素质开始,要具备相关的法律常识,了解合同法、妇女权益保护法等; ② 要办理好合法的务工手续,要签订劳动服务合同; ③ 要敢于维护自己的合法权益

📖 **常识04** 紧急救援常识

见第一章第三节细节03第⑨条。

第三节 卫生常识

📖 **常识01** 个人卫生常识

① 早晚刷牙,以保持口腔清洁卫生、无异味;

② 做好手的清洁卫生,要求饭前便后必须洗手;

③ 头发经常清洗、修剪,梳理整齐;

④ 保持阴部清洁;

⑤ 着装必须整洁,最好准备一些辅助衣物,如围裙、套袖或者蓝大褂等;

⑥ 在雇主家里要穿拖鞋,最好也要穿上袜子,否则光着脚或露出脚趾显得极不礼貌,也极不雅观。

常识02 环境卫生常识

① 雇主家庭的环境卫生；
② 雇主家庭环境卫生的基本要求。

常识03 饮食卫生常识

① 把好食品质量关；
② 做好食品的储存和保管工作；
③ 保持厨房清洁；
④ 烹饪原料应清洗干净；
⑤ 要经常清洁、整理电冰箱和冰柜；
⑥ 消灭苍蝇、老鼠、蟑螂；
⑦ 保持个人清洁卫生。

常识04 家庭卫生的消毒方法

家庭卫生的消毒方法如图2-2所示。

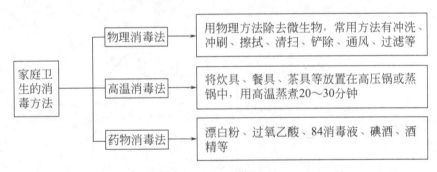

图2-2　家庭卫生的消毒方法

Domestic Helper

第三章
社交礼仪

第一节　言谈举止常识

常识01 文明语言常识

作为一名家政服务员要懂得使用文明语言的基本常识及注意事项，具体见表3-1。

表3-1　使用文明语言的基本常识及注意事项

序号	类别	具体说明
1	说话文明	① 称谓得体； ② 称谓要符合自己的身份； ③ 语言要准确、明了； ④ 诚实、稳重，富有感情； ⑤ 能自觉运用日常礼貌用语
2	文明礼貌用语	问候语、道歉语、告别语、征询语、答谢语、慰问语、请托语、祝贺语
3	注意事项	① 忌无称谓语； ② 忌不用文明称谓； ③ 忌不用尊称叫人； ④ 杜绝蔑视语、烦躁语、斗气语

常识02 行为举止常识

1.站姿、坐姿、走姿的行为要点及注意事项

站姿、坐姿、走姿的行为要点及注意事项见表3-2。

表3-2　站姿、坐姿、走姿的行为要点及注意事项

类别	行为要点	注意事项
站姿	① 双腿并拢或分开不过肩宽； ② 挺胸收腹，腰背挺直，使头、颈、腰成一直线； ③ 两肩要放松，稍向下压，双臂自然下垂，抬头平视，微收下颌；	① 忌探头斜肩，缩脖耸肩； ② 忌东倒西歪，驼背凸肚，左右晃动； ③ 忌双手抱在胸前或叉腰； ④ 与人谈话时，不要扭动

续表

类别	行为要点	注意事项
站姿	④ 可以双手相握，放在身前或双手自然下垂	身子，东张西望，也不要斜靠门框和墙边
坐姿	① 坐下后要上身挺直，两肩自然垂下，双腿成90°自然下垂，双手可叠放在大腿上； ② 与人交谈时要抬起头，面向对方，神态自然； ③ 坐的时间较长时，可以更换一下坐姿，如两脚交叉、前后小腿分开或侧身坐等	① 不能跷二郎腿，不要东倒西歪、前倾后仰，不能抖动双腿、单腿或做一些不雅的动作； ② 不能双膝大开； ③ 不能在异性面前躺坐于沙发上，以免让对方感到不舒服
走姿	① 眼看前方，头正颈直，挺胸收腹，重心稍靠前； ② 脚的移动应彼此平行，脚跟要尽量落在一条直线上； ③ 行走时脚步要轻快、有节奏，落地时动作要轻	① 行走时跨步不宜太大，不要拖拖拉拉或外撇内拐； ② 手腕不要离开身体做大幅度的摇摆动作； ③ 行走时不要弯腰驼背、晃肩摇头或两边扭胯

2.行为举止注意事项

礼貌地处理无法控制的行为，如打喷嚏、咳嗽、打哈欠时用手帕、纸巾捂住口鼻，面向旁边，事后立即与旁边的人说声"对不起"，表示歉意。

3.公共场所行为举止

① 不乱扔果皮纸屑，不随地吐痰；

② 不损坏公物，不践踏绿地，不采摘园林花草等；

③ 与人发生争执时不动手；

④ 在公共场合不追逐打闹、高声喧哗；

⑤ 乘车时不抢占座位，遇到老弱病残孕或抱小孩者，应主动让座或给予帮助；

⑥ 提着鱼虾等物品要包装好，不要弄脏他人衣物。

常识03 仪容仪表常识

1.着装的基本原则

① 与工作角色相适宜；

② 与自身条件相适宜；

③ 与季节温度相适宜；

④ 要清洁整齐，工作时最好穿戴相应的防护用品。

2.着装的注意事项

① 过于紧身、包裹躯体、突出自身线条的服装不宜穿；

② 过于单薄、明显透出内衣的服装不宜穿；

③ 过于暴露肢体，如低胸、超短裙、露肚脐的服装不宜穿；

④ 不要穿被污染的衣服去厨房做饭或进卧室抱小孩，尤其不能穿毛衣或容易产生静电的服装抱婴幼儿。

📖 常识04 面部表情常识

面部表情的要求如图3-1所示。

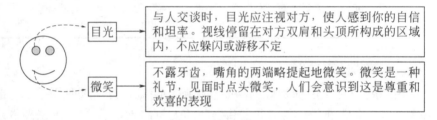

图3-1　面部表情的要求

第二节　人际交往常识

📖 常识01 人际交往礼仪常识

人际交往的基本常识包括致意、握手、介绍，具体如图3-2所示。

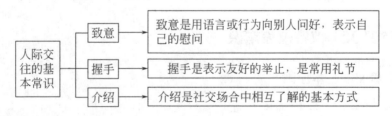

图3-2　人际交往的基本常识

常识02 接待宾客常识

1.接待准备

（1）布置接待环境　把接待宾客的房间布置得清洁、明亮、整齐、美观，营造出良好的待客环境。

（2）接待物品准备　备好衣帽架或衣帽钩。若需客人换鞋，应随时准备好干净的拖鞋。准备好招待客人的茶壶、茶杯、茶叶、烟灰缸、水果、小吃及香烟等。

（3）接待心理准备　从心里尊重宾客、善待宾客，待人接物要热情开朗、彬彬有礼、和蔼可亲。

2.接待方法

（1）问候和迎客　开启大门后，要以亲切的态度、微笑的面容向客人礼貌问候。如客人需要脱外衣、放雨伞、换拖鞋，则应主动给予帮助。

（2）引导宾客　当听到门铃声或敲门声时，要迅速应答，并立即前去开门。在带领客人会见主人时，要配合对方的步调，在客人左前侧做引导。

常识03 电话礼仪常识

1.接打电话

① 铃响两声后，接听电话；

② 要先问好，再礼貌应答；

③ 备好笔和纸，做好留言。

2.接打电话的注意事项

① 电话应答时忌用急躁、不耐烦的音调和粗鲁的言辞；

② 留言的字迹要清楚，记下的内容、联系电话要与对方核对、确认；

③ 要尊重对方，用礼貌的话语认真对待电话应答；

④ 结束通话时要说告别语，并在对方挂断电话后再轻轻放下听筒。

第三节 家庭人际关系常识

常识01 家庭人际关系的基本特点

家庭人际关系的基本特点见表3-3。

表3-3 家庭人际关系的基本特点

序号	类别	具体说明
1	家庭的特点	① 家庭是社会的基本组织单位； ② 家庭是普遍的社会制度； ③ 家庭是特殊的社会关系； ④ 家庭是一个社会历史范畴
2	家庭的功能	① 家庭的功能不是单一的，它是生物的、社会的、经济的。 ② 生物功能有两方面：一方面是延续种族，另一方面是教育子女、照顾老年人。 ③ 社会功能也有两方面：一方面是养成人群性，即人的社会化；另一方面是传递社会经济功能，包括生产、分配、消费及解决个人衣、食、住等
3	家庭的人际关系	① 夫妻关系； ② 血缘关系； ③ 家庭网络关系

常识02 建立良好人际关系的基本原则与方法

1.建立良好人际关系的基本原则

① 积极主动，讲究信用；

② 热情待人，坦诚相见；

③ 尊重他人，礼貌待人；

④ 虚心学习，努力提高服务技能和自身修养；

⑤ 严于律己，宽以待人；

⑥ 加强交往，密切关系。

2.建立良好人际关系的基本方法

① 讲卫生，爱整洁；

② 饮食少而精，注重营养搭配；

③ 起居作息时间严格；

④ 顺应雇主的生活习俗。

常识03 建立良好人际关系的技巧

1.与不同类型的人相处

与不同类型的人相处的人际关系处理技巧见表3-4。

表3-4 与不同类型的人相处的人际关系处理技巧

序号	类别	相处技巧
1	与异性成年人相处	① 言行要落落大方，应保持一定距离； ② 不要越出常情去回报对方对你的关心照顾； ③ 尽量避免与异性成年人单独相处在一室； ④ 不要衣着过于暴露，更不能身着内衣在雇主家行走； ⑤ 不要与其共同议论其配偶、恋人等
2	与同性成年人相处	① 不要在生活上过多地照顾其配偶或恋人； ② 雇主夫妻吵架时不要参与； ③ 不要轻易否定其着装、化妆美容、发型设计、容貌、持家技能等； ④ 对其兴趣、爱好等应多表示支持和赞赏； ⑤ 不要说其配偶或恋人比她好
3	与孩子相处	① 必须要有爱心、耐心、责任心，充分善待、保护好孩子； ② 多对其给予鼓励、表扬； ③ 对他们的错误行为，不要替他们保密，但也不要不教育就先告诉家长，更不能采用打骂手段，而应教育、鼓励他们勇敢地向父母反映、承认； ④ 当他们过生日时，可送件小礼物以示祝贺
4	与老年人相处	① 尊重他们多年养成的生活规律和习惯，不要试图改变他们的生活习惯与性格； ② 饭菜要尽量迎合他们的口味； ③ 应经常对他们嘘寒问暖，关心他们的健康状况； ④ 与其发生矛盾、误会时，可通过其子女、亲友来协助解决

序号	类别	相处技巧
5	与雇主的亲友相处	① 要视雇主的态度，适度对待其亲友； ② 当其需要帮助或服务时，在获得雇主同意的情况下，应认真对待
6	与雇主的邻居相处	① 要彬彬有礼； ② 不要卷入雇主与邻居的矛盾； ③ 邻居对雇主说三道四时，千万不可参与议论

2.与不同性格的人相处

与不同性格的人相处的人际关系处理技巧见表3-5。

表3-5　与不同性格的人相处的人际关系处理技巧

序号	类别	处理技巧
1	与爱唠叨、较挑剔的人相处	① 应有高度的忍耐性； ② 当对方唠叨时，不可生硬地打断，也不要露出不耐烦的表情，更不能转身就走，可以巧妙地把话题转开，或借口去卫生间； ③ 对于爱挑剔的雇主，要尽量把事情做到无可挑剔的程度； ④ 即使对方唠叨、挑剔过分时，也不要急于发作，可以说些"很抱歉，对不起"之类的客气话，待其心情平静了，再给予必要的解释
2	与脾气暴躁的人相处	① 应有较高的耐心和宽容心； ② 若因为自己有错误而引起对方发脾气，应该迅速承认错误，表示改正，不要计较对方的态度； ③ 若对方无故发脾气，不妨采取"惹不起躲得起"的办法解决； ④ 当对方意识到自己态度过火了，你应该及时表示理解
3	与爱猜疑的人相处	① 首先应做到光明磊落，让对方清楚、了解你的所作所为； ② 在做某些事情的时候最好有其本人或第三人在场； ③ 你所经手的经济收支要清楚无误，经济收支均要认真记账； ④ 若条件允许，可回避做一些易遭疑的事

3.正确处理雇主家庭内部问题

① 应保持清醒的头脑；

② 其家庭内部发生争吵时，要进行劝解，若不奏效，也不要勉强；

③ 不论矛盾双方在家中是何地位，矛盾是何性质，都应一视同仁，不要厚此薄彼；

④ 不为双方的过激言行作旁证；

⑤ 当你劝解无效时，可动员其他家庭成员去劝解。同时要更好地照顾好家中的儿童、老年人或病人；

⑥ 当雇主家中有不幸发生时，你应对不幸事件表示同情，力所能及地为之分忧；

⑦ 雇主的家庭隐私，如家庭经济、商业往来、生活隐私等均不宜外扬。

4.工作注意事项

① 不能对雇主隐瞒个人身份，如住址、婚姻、健康等情况；

② 工作中出现的差错、事故，如损坏了雇主家的物品、给小孩或病人服错了药物、婴幼儿吞咽了异物等，都应及时汇报，共商解决办法；

③ 若遇家中有事或其他原因要求辞职，一定要提前1周以上通知雇主和家政公司，以便于雇主和家政公司有时间做后续安排。

Domestic Helper

第四章
法律常识

第一节　公民的基本权利与义务

常识01　宪法规定的公民的基本权利

① 平等权；

② 政治权利和自由；

③ 宗教信仰自由；

④ 人身自由，包括人身自由不受侵犯、人格尊严不受侵犯、住宅安全权、通信自由；

⑤ 社会经济、文化教育方面的权利，包括财产权，劳动权，劳动者的休息权，物质帮助权，受教育权，进行科学研究、文学艺术创作和其他文化活动的自由。

常识02　宪法规定的公民的基本义务

① 维护国家统一和各民族团结；

② 必须遵守宪法和法律，保守国家秘密，爱护公共财产，遵守劳动纪律，遵守公共秩序，尊重社会公德；

③ 维护祖国的安全、荣誉和利益的义务；

④ 保卫祖国、依法服兵役和参加民兵组织的义务；

⑤ 依法纳税的义务。

第二节　劳动法常识

劳动法是调整劳动关系以及与劳动关系密切相联系的其他社会关系的法律规范的总称。家政服务员重点掌握的是劳动合同方面的知识。只有掌握这些方面的知识，家政服务员才能在签订和解除劳动合同时，做到心中有数，从而维护自身的合法权益。

劳动合同是劳动者与用人单位确立劳动关系、明确双方权利和义务的书面协议。建立劳动关系应当订立劳动合同。劳动合同的主体，一方是劳动者，一方是用人单位。劳动合同的内容主要是明确双方在劳动关系中的权利、义务和违反合同的责任。

（1）有关劳动合同方面的知识　有关劳动合同方面的知识见表4-1。

表4-1　劳动合同方面的知识

序号	类别	具体说明
1	签订合同需遵守的原则	① 平等自愿、协商一致的原则； ② 合法原则
2	合同的主要条款	① 劳动合同期限； ② 工作内容：指劳动者的工作任务、生产岗位等； ③ 劳动保护和劳动条件：指用人单位为劳动者提供怎样的劳动保护和劳动条件； ④ 劳动报酬：指用人单位支付给劳动者的工资和其他劳动报酬； ⑤ 劳动纪律：包括厂纪、厂规、生产标准、操作规范等； ⑥ 劳动合同终止的条件：包括劳动合同期满终止、履行过程中发生变化的终止和其他终止的条件等； ⑦ 违反劳动合同的责任
3	劳动合同的解除	1.双方协商解除劳动合同 2.用人单位单方解除劳动合同 （1）劳动法规定，劳动者有下列情形之一的，用人单位可以随时解除劳动合同： ① 在试用期间被证明不符合录用条件的； ② 严重违反劳动纪律或者用人单位规章制度的； ③ 严重失职，徇私舞弊，对单位利益造成重大损害的； ④ 被依法追究刑事责任的； ⑤ 法律、法规规定的其他情形。 （2）有下列情形之一的，用人单位可以解除劳动合同，但应当提前30日以书面形式通知劳动者本人： ① 劳动者患病或者非因工负伤，医疗期满后，不能从事原工作也不能从事由用人单位另行安排的工作的； ② 劳动者不能胜任工作，经过培训或者调整工作岗位仍不能胜任工作的； ③ 劳动合同签订时所依据的客观情况发生重大变化，致使原劳动合同无法履行，经当事人协商不能就变更劳动合同达成协议的；

续表

序号	类别	具体说明
3	劳动合同的解除	④ 用人单位解除合同未按规定提前30日通知劳动者的，自通知之日起30日内，用人单位应当对劳动者承担劳动合同约定的义务。 3.劳动者单方解除劳动合同 （1）试用期内； （2）用人单位以暴力、威胁或者非法限制人身自由的手段强迫劳动者劳动； （3）用人单位未按照劳动合同约定支付劳动报酬或者提供劳动条件
4	解除劳动合同的经济补偿	① 经劳动合同当事人协商一致，由用人单位解除劳动合同的，用人单位应根据劳动者在本单位的工作年限，每满1年发给相当于1个月工资的经济补偿金，经济补偿金最多不超过12个月的工资。工作时间不满1年的按1年的标准发给经济补偿金。 ② 劳动者患病或者非因工负伤，经劳动鉴定委员会确认不能从事原工作，也不能从事用人单位另行安排的工作而解除劳动合同的，用人单位应按其在本单位的工作年限，每满1年发给相当于1个月工资的经济补偿金，同时还应发给不低于6个月工资的医疗补助费。患重病和绝症的还应增加医疗补助费，患重病的增加部分不得低于医疗补助费的50%，患绝症的增加部分不得低于医疗补助费的100%。 ③ 劳动者不胜任工作，经培训或调整工作岗位仍不能胜任工作，由用人单位解除劳动合同，用人单位应按其在本单位工作的年限，工作时间每满1年，发给相当于1个月工资的经济补偿金，经济补偿金最多不超过12个月。 ④ 劳动合同签订时所依据的客观情况发生重大变化，致使原劳动合同无法履行，经当事人协商不能就变更劳动合同达成协议，由用人单位解除劳动合同，用人单位按劳动者在本单位工作的年限，工作时间每满1年发给相当于1个月工资的经济补偿金。 ⑤ 用人单位濒临破产进行法定整顿期间或者生产经营状况发生严重困难，必须裁减人员的，用人单位按被裁减人员在本单位工作的年限支付经济补偿金，在本单位工作的时间每满1年，发给相当于1个月工资的经济补偿金

（2）劳动争议的处理

（3）劳动争议的处理机构

① 劳动争议调解委员会；

② 劳动争议仲裁委员会；

③ 人民法院。

（4）劳动争议的处理程序

（5）劳动法的其他规定

第三节 妇女权益保障法常识

家政服务员大量的时间都要和妇女打交道，而且家政服务员主要是女性，因此家政服务员了解和学习这方面的知识尤为重要。

📖 常识01 妇女享有哪些人身权利

《妇女权益保障法》规定，国家保障妇女享有与男子平等的人身权利。

① 妇女的人身自由不受侵犯。禁止非法拘禁和以其他非法手段剥夺或者限制妇女的人身自由，禁止非法搜查妇女的身体。

② 妇女的生命健康权不受侵犯。禁止溺、弃、残害女婴；禁止歧视、虐待生育女婴的妇女和不育妇女，禁止用迷信、暴力手段残害妇女；禁止虐待、遗弃老年妇女。

③ 禁止拐卖、绑架妇女，禁止收买被拐卖、绑架的妇女。

④ 禁止卖淫、嫖娼。

⑤ 妇女的肖像权受法律保护。未经本人同意，不得以营利为目的，通过广告、商标、展览橱窗、书刊、杂志等形式使用妇女的肖像。

⑥ 妇女的名誉权和人格尊严受法律保护。禁止用侮辱、诽谤、宣扬隐私等方式损害妇女的名誉和人格。

📖 常识02 妇女的合法权益被侵害时应该怎么办

《妇女权益保障法》第四十八条规定，妇女的合法权益受到侵害时，被侵害人有权要求有关主管部门处理，或者依法向人民法院提起诉讼。

妇女的合法权益受到侵害时，被侵害人可以向妇女组织投诉，妇女组织应当要求有关部门或者单位查处，保护被侵害妇女的合法权益。

常识03 家政服务员应如何做

1.保护好自己

（1）勇于保护自己的隐私　隐私包括私人信息、私人生活、私人空间和生活安宁。

（2）避免受到性侵害　在工作中，女性家政服务员应洁身自爱，对雇主的不正当要求要严词拒绝，并勇于以《妇女权益保护法》为武器，捍卫自己，万一受到侵害，应该及时向公安机关报案。

2.尊重女雇主的权益

男女家政服务员都不能做第三者插足雇主的家庭。家政服务员要尊重雇主的权利，不要做违法的事情；要和异性雇主保持适当的距离，以免引起误解和麻烦。

3.不能侵犯女雇主的隐私权

家政服务员对女雇主的各种私人信息、私人活动、私人空间等有保密的义务，除非该隐私侵害了公共利益；对女雇主的东西不要随便翻看。

第四节　未成年人保护法常识

因为雇主聘请家政服务员，大多数是为了照顾自己的孩子，因此家政服务员和孩子相处的时间也很多。要照顾好雇主的孩子，与其打成一片，必须熟知未成年保护法方面的知识。

常识01 未成年保护法方面的知识

本法所称未成年人是指未满18周岁的公民。

1.保护未成年人应遵循的原则

作为家政服务员必须遵循《未成年人保护法》的原则。《未成年人保护法》规定：

① 尊重未成年人的人格尊严；

② 适应未成年人身心发展、品德、智力、体质的规律和特点；

③ 教育与保护相结合。

2.法律责任

《未成年人保护法》规定，侵害未成年人的合法权益，其他法律、法规已规定行政处罚的，从其规定；造成人身财产损失或者其他损害的，依法承担民事责任；构成犯罪的，依法追究刑事责任。侵犯未成年人隐私，构成违反治安管理行为的，由公安机关依法给予行政处罚。

常识02 家政服务员应如何做

家政服务员在工作时必须注意以下事项。

1.保护未成年人的身心健康和安全

① 陪儿童时，对儿童的任性、不礼貌甚至其他不能容忍的缺点和错误，应该耐心引导、教育；

② 实在不起作用时，可以交给孩子的家长，由家长对其进行约束和管教；

③ 不可对其进行恐吓、责骂等。如果家政服务员的不正当行为对孩子造成了伤害，家政服务员应承担相应的法律责任。

2.不能侵犯未成年人的肖像权

家政服务员不能为谋取利益卖给别人，使别人为了营利而把照片作为宣传广告或者商品外包装上的图像等。因为未成年人的肖像权是受法律保护的，一旦侵犯，就要承担相应的法律责任。

3.尊重未成年人的隐私

家政服务员不得私自隐匿、毁弃、拆开雇主家庭成员的信件，包括未成年人的信件。

第五节 老年人权益保护法常识

不少雇主聘用家政服务员主要是为了照顾家中的老人，因此家政服务员必须了解《老年人权益保护法》的知识，才能做到尽职尽责、不知法犯法。

常识01 老年人权益保护法的知识

《老年人权益保护法》中是这样明确老人的权利：

① 老年人的合法权益受到侵害的，被侵害人或者其代理人有权要求有关部门处理，或者依法向人民法院提起诉讼。人民法院和有关部门对侵犯老年人合法权益的申诉、控告和检举，应当依法及时受理，不得推诿、拖延。

② 以暴力或者其他方式公然侮辱老年人、捏造事实诽谤老年人或者虐待老年人，情节较轻的，依照治安管理处罚条例的有关规定处罚；构成犯罪的，依法追究刑事责任。

③ 家庭成员有盗窃、诈骗、抢夺、勒索、故意毁坏老年人财物，情节较轻的，依照治安管理处罚条例的有关规定处罚；构成犯罪的，依法追究刑事责任。

常识02 家政服务员应如何对待老人

家政服务员在照顾老年人时必须注意以下事项：

① 尊重老年人的合法权益；

② 不可以暴力或其他方式侮辱老年人；

③ 不可虐待老年人；

④ 不可诈骗、故意毁坏老年人的财物。

第六节　消费者权益保护法常识

常识01 有关消费者权益保护法的知识

消费者权益保护法是在保护公民消费权益过程中所产生的社会关系的法律规范的总称。《消费者权益保护法》规定消费者所具有的权利见表4-2。

表4-2　消费者所具有的权利

序号	权　利	具体说明
1	人身财产安全权	消费者有权要求经营者提供的商品和服务，符合保障人身、财产安全的要求
2	知悉真情权	消费者享有知悉其购买、使用的商品或者接受的服务的真实情况的权利；有权根据商品或者服务的不同情况，要求经营者提供商品的价格、产地、生产者、用途、性能、规格、等级、主要成分、生产日期、有效期限、检验合格证明、使用方法说明书、售后服务或者服务的内容、规格、费用等有关情况
3	自主选择权	① 消费者享有自主选择商品或者服务的权利； ② 消费者有权自主选择商品品种或者服务方式； ③ 消费者有权自主决定购买或者不购买任何一种商品、接受或者不接受任何一项服务； ④ 消费者在自主选择商品或者服务时，有权进行比较、鉴别和挑选
4	公平交易权	消费者在购买商品或者接受服务时，有权获得质量保障、价格合理、计量正确等公平交易条件，有权拒绝经营者的强制交易行为
5	损害求偿权	消费者因购买、使用商品或接受服务受到人身、财产损害的，享有依法获得赔偿的权利
6	受尊重权	消费者在购买、使用商品和接受服务时，享有其人格尊严、民族风俗习惯得到尊重的权利
7	监督批判权	消费者享有对商品和服务以及保护消费者权利工作进行监督的权利
8	获得相关知识权	消费者享有获得有关消费和消费者权益保护方面的知识的权利

常识02　家政服务员应如何做

家政服务员代替雇主采购生活用品或者其他用品时，应注意以下事项。

1.购物后应索要发票

法律规定，只要消费者索要发票，不论数额多少，商家都要开具发票。因为有发票可以避免雇主对家政服务员的误解。

2.购物时自主选择商品的权利

家政服务员在为雇主购物时，有自主选择商品的权利，不受商家的强迫，不能被迫搜身等。

3.购物要认清商品的品种、品牌

家政服务员在为雇主购物时，应认清商品的品种、品牌，避免购买假冒伪劣产品；同时，还应看清生产日期，不买超过保质期的或者即将到保质期的商品。要努力维护雇主的利益。

4.责任承担

消费者因接受服务或购买商品受到伤害，可以要求侵害方赔偿。

Domestic Helper

第五章
日常烹饪技能

第一节　制作主食

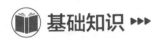 **基础知识** ▶▶▶ --

知识01 煮米饭

① 制作时要用不含矿物质的"软水"（比如煮开后的自来水），因为矿物质（尤其是钙）是淀粉"老化"的"催化剂"。

② 刚做熟的米饭不要急于揭开锅盖，关火后再焖5分钟左右，使水分能够均匀散布在米粒之间，吃起来口感会更好。

③ 做米饭时加点植物油或糯米，做面食时加点油脂或食糖、蛋白质，均可延缓其"老化"过程。

④ 剩饭重新蒸煮时，可往蒸锅水里放点食盐，可除去剩饭的异味，吃时口感像新煮出来的一样。

⑤ 在煮饭水里加几滴色拉油，可使米饭粒粒晶莹；滴几滴柠檬汁，则可使饭粒柔软；要煮一锅蓬松的米饭，可在锅里撒一点盐；煮饭时加点醋能防止米饭变馊。

知识02 快速发面的窍门

快速发面的窍门如图5-1所示。

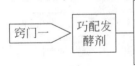

窍门一 →	巧配发酵剂	如果事先没有发面而又急于蒸馒头，可用 500 克面粉加 10 克食醋、350 克温水的比例发面，将其拌匀，发 15 分钟左右，再加小苏打约 5 克，揉到没有酸味为止。这样发面，蒸出的馒头又白又大
窍门二 →	用鲜酵母发面	将面粉用温水和好，再将化匀了的鲜酵母液倒入，把面揉匀后，放入面盆内令其自然发酵（天冷时可在面盆外包上棉絮）。约过 5 小时，面团发酸，向上拉成条状，即为发面。一般 1～5 千克面粉用一块鲜酵母即可。若要加快发酵过程，再加大鲜酵母用量。如发好的面酸味过重，可略加小苏打或碱水

图5-1

窍门三	用酒加快发面	如果面还没有发好又急于蒸馒头时，可在面块上按一个坑窝，倒入少量白酒，用湿布捂几分钟即可发起。若仍发得不理想，可在馒头上屉后，在蒸锅中间放一小杯白酒，这样蒸出的馒头照样松软好吃
窍门四	冬天用糖发面	冷天用发酵粉发面，加上一些白糖，可缩短发酵时间，效果更好
窍门五	以盐代碱发面	发好面后，以盐代碱揉面粉（每 500 克面放 5 克盐），既能去除发面的酸味，又可防止馒头发黄

图 5-1　快速发面的窍门

知识03　制作馒头的要求

家政服务员在制作馒头时，可按图 5-2 所示的要求去制作。

要求一	夏季用冷水和面，冬季用温水和面，冬季和面、发面应比夏季提前 1 ～ 2 小时。和面时要慎加水
要求二	和面要多搓揉几遍，促使面粉里的淀粉和蛋白质充分吸收水分，和好的面团要保持一定的温度，以 30℃为宜
要求三	当面已胀发时，要掌握好发酵的程度。如见面团中已呈蜂窝状，有许多小孔，说明已经发酵好。蜂窝状面体的孔越大，说明发酵得越老，甚至要发过头了
要求四	蒸馒头时，锅内须用冷水加热，逐渐升温，使馒头坯均匀受热。切忌图快一开始就用热水或开水蒸馒头，这样蒸制的馒头容易夹生
要求五	笼屉与锅口相接处不能漏气，有漏气处须用湿布堵严。用铝锅蒸时锅盖要盖紧
要求六	馒头蒸熟后不要急于卸笼，先把笼屉上盖揭开，再继续蒸 3 ～ 5 分钟，最上层一屉馒头皮很快就会干结，再把它卸下来翻扣到案板上，取下笼布。这时的馒头既不粘笼布，也不粘案板。稍等 1 分钟再卸下第二屉，依次卸完。这样，馒头即干净卫生，又不浪费
要求七	蒸馒头判断生熟的方法：一是用手轻拍馒头，有弹性即熟；二是撕一块馒头的表皮，如能揭开皮即熟，否则未熟；三是手指轻按馒头后，凹坑很快平复为熟馒头，凹陷下去不复原的，说明还没蒸熟

图 5-2　馒头的制作要求

知识04 擀饺子皮

① 将切好的小面段用手搓成扁平状，样子有点像飞碟；

② 拿擀面杖擀的时候，注意中间厚边缘薄，中间厚防止饺子漏馅，边缘薄吃起来口感好。

知识05 馄饨的类别

馄饨既可作点心，又可作菜肴，是最普遍又最受人们欢迎的小吃。按包法和形状的不同，馄饨通常分为官帽式、枕包式、伞盖式、抄手式四种。

知识06 煮饺子的方法

作为一名家政服务员更应对煮饺子的方法有所了解，以便掌握在手。煮饺子的具体方法见表5-1。

表5-1　煮饺子的具体方法

序号	类别	具体方法
1	煮饺子不粘三法	① 和饺子面时，每500克面粉加1个鸡蛋，可使蛋白质含量增多，煮时，蛋白质收缩凝固，饺子皮变得结实，不易粘连。 ② 水烧开后加入少量食盐，待盐溶解后再下饺子，直到煮熟，不用点水，不用翻动。水开时既不外溢，也不粘锅或连皮。 ③ 饺子煮熟后，先用笊篱把饺子捞入温开水中浸一下，再装盘，就不会粘在一起了
2	怎样煮饺子才不会破	① 水烧开后放入适量的盐，待盐溶解后，把饺子下到锅里，再盖上锅盖，不用翻动，不用点凉水，直到煮熟； ② 在煮饺子水烧开之前，先放入一些大葱尖，水开后再下饺子，这样煮出的饺子不易破皮，也不会粘连； ③ 既想让饺子不破，又想让肉馅熟得快些，可以在水里加些醋

操作技能 ▶▶▶

技能01 煮米饭的操作步骤

家政服务员在煮米饭时，可按图5-3所示的操作步骤进行。

步骤一	将大米淘洗干净
步骤二	放入电饭煲中
步骤三	加入适量清水（水量跟米差不多1:1），浸泡半个小时
步骤四	煮之前滴入5～6滴色拉油，盖上盖子，按下煮饭键开始煮饭，直至米饭煮熟

图5-3 煮米饭的操作步骤

专家提示 ▶▶▶

① 要根据雇主家人的喜好，喜欢饭硬点的少加点水，喜欢饭软的多加点水。

② 电饭煲开关切断，即米饭已煮好，但这时米饭还没有煮到芯部，处于夹生状态，必须在保持锅内压力的同时慢慢蒸煮；否则易煮出夹生饭。蒸煮时间根据米饭量而不同，应在锅内再焖10～15分钟，在此期间绝对不能开盖。

技能02 和面的操作步骤

家政服务员在和面的时候，可按图5-4所示的操作步骤进行。

步骤一	面粉放在和面盆里，用筷子或手在面粉中间扎个小洞
步骤二	往小洞里倒入适量的清水
步骤三	两手掌心相对，手指末端插入面粉与盆壁接触的外围边缘
步骤四	用手由外向内、由下向上把面粉挑起
步骤五	挑起的面粉推向中间小洞的水里
步骤六	用手在小洞位置抄拌一下，把覆盖在水上的面粉和水抄拌均匀，形成雪花状和葡萄形的面絮
步骤七	在剩余的干面粉上扎个小洞，分次倒入适量的清水
步骤八	重复步骤三至步骤六，把所有的干面粉与小洞里的清水搅拌均匀，形成雪花状和葡萄状的面絮

步骤九	用手把雪花状和葡萄状的面絮揉在一起
步骤十	揉成表面光滑的面团

图5-4　和面的操作步骤

技能03　揉面的操作步骤

家政服务员在揉面的时候，可按图5-5所示的操作步骤进行。

步骤一	案板上撒一层薄粉，将面团放在案板上
步骤二	两手掌握住面团，用力往外推揉面团
步骤三	两手将面团卷起，向身体这边拉回卷揉。如此反复几次
步骤四	左手掌按住面团的一端，右手掌用力将另一端向外推揉
步骤五	左手掌按住面团的一端，右手掌用力将另一端向身体这边卷揉回来
步骤六	左手掌按住面团的一端，右手掌用力将卷揉回来的面团再向外推揉
步骤七	左手掌按住面团的一端，右手掌再用力将另一端向身体这边卷揉回来
步骤八	左手掌按住面团的一端，右手掌再用力将卷揉回来的面团再向外推揉
步骤九	如此重复以上步骤，直至面团呈光滑状

图5-5　揉面的操作步骤

技能04　擀饺子皮的操作步骤

家政服务员在擀饺子皮的时候，可按图5-6所示的操作步骤进行。

步骤一	擀面之前，首先要把面团分成无数个小圆团，大概"章鱼小丸子"那么大就可以了，随便一捏一团，不需要很标准的球体
步骤二	擀面时，拿一个小面团，轻轻往下压一下，压扁之后受力面积大了便于擀面
步骤三	右手拿着擀面棍，压着面皮的一大半，上下转动擀面棍，左手拿着没有压着的面皮边不停转动，一边擀一边转动面皮，这样擀出来的才均匀

图5-6　擀饺子皮的操作步骤

专家提示 ▶▶▶

饺子皮不要一下擀很多，看包饺子的速度，一般富余五六个即可，否则时间长皮干了就不好包了。

技能05 制作馒头的操作步骤

家政服务员在制作馒头的时候，可按图5-7所示的操作步骤进行。

步骤一	和面的步骤可参照本章（技能02）
步骤二	等到面团变成两倍大，用手在面的中间戳个洞，如果不反弹就是面发好了。把发好的面团从盆中取出，再揉几遍
步骤三	分成若干等份，每个30克，滚圆，成馒头生坯
步骤四	里面铺上纱布，将馒头生坯放在上面，中间留有空隙
步骤五	盖上盖子，再次醒发20分钟
步骤六	烧开水，将再次醒发好了的馒头放上，盖上锅盖，用中火蒸20分钟，就能闻到馒头的香味了

图5-7 制作馒头的操作步骤

专家提示 ▶▶▶

如果在发面里揉进一小块猪油，蒸出来的馒头不仅松软、洁白，而且味香可口。

技能06 制作包子的操作步骤

家政服务员在制作包子的时候，可按图5-8所示的操作步骤进行。

步骤一	和面的步骤可参照本章（技能 02）
步骤二	起一油锅，炒鸡蛋
步骤三	将鸡蛋盛出，顺便将虾皮也炒一下
步骤四	将所有原料切成碎末
步骤五	将馅放入一容器中，加油、盐、鸡精、香油、生抽、胡椒粉和一点点糖搅拌均匀调味
步骤六	取一团发好的面，揉成长条，排出气泡
步骤七	将揉好的面切成大小均匀的面剂子
步骤八	用擀面杖擀成中间厚四周薄的面皮
步骤九	放入适量馅
步骤十	左手托底，轻轻转动面皮，右手捏出褶子
步骤十一	包子包好，将生坯放着二次醒发 20 分钟
步骤十二	开水上锅，旺火足气蒸 10～15 分钟
步骤十三	关火后，不要急着开盖，这样包子容易回缩，虚蒸 2～3 分钟，包子即可出笼

图5-8　制作包子的操作步骤

第二节　烹制菜肴

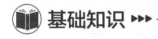 基础知识 ▶▶▶ ----------------------------------

📖 知识01：热菜的烹调方法

我国的菜肴品种虽然多至上万种，但其基本烹调方法则可归纳为炸、炒、熘、爆、烹、炖、焖、煨、烧、扒、煮、汆、烩、煎、贴、蒸、烤等二十多种，具体见表5-2。

表5-2　热菜的烹调方法

序号	方法类别	具体说明
1	炸	炸用旺火加热，以食油为传热介质进行烹调，特点是火力旺、用油多。用这种方法加热的原料大部分要间隔炸一次。用于炸的原料加热前一般用调味品浸渍，加热后往往随带调味品。炸制菜肴的特点是香、酥、脆、嫩。由于所用的原料的质地及制品的要求不同，炸可分清炸、干炸、软炸、酥炸、卷包炸和特殊炸等几种
2	炒	炒是将加工成丁、丝、条、球等的小型原料投入小油锅，在旺火上急速翻炒的一种烹调方法。此法使用最为广泛。操作时，要先热锅，再下油。一般用旺火热油，但火力的大小和油温的高低要根据原料而定。炒的特点是制品滑嫩干香
3	熘	熘是先将原料用炸的方法加热成熟，然后调制卤汁淋于原料上，或将原料投入卤汁中搅拌的一种烹调方法。熘菜的原料需先加工成形，大都是块、丁、片、丝等小料
4	爆	爆是将脆性原料放入中等油量的油锅中，用旺火高油温快速加热的一种烹调方法。其特点是加热时间极短。爆制所采用的原料大多是本身质地具有一定脆性、无骨的小型原料，刀工处理必须厚薄、大小、粗细一致，除薄片外一般都必须斩花刀
5	烹	烹是先将小型原料用旺火热油炸成黄色，再加入调料的一种烹调方法，故有"逢烹必炸"之说。这种方法适用于加工成小段、块及带有小骨、薄壳的原料，如明虾、仔鸡块、鱼条等。原料炸好后，沥去油，再入锅加入调味汁，颠翻几下即可
6	炖	炖是既类似于蒸又类似于煨的一种烹调方法，习惯上分为隔水炖和不隔水炖两种
7	焖	焖是将炸、煎、煸、炒或水煮的原料，加入酱油、糖等调味品和汤汁，用旺火烧开后再用小火长时间加热成熟的烹调方法。焖的特点是制品形态完整，不碎不裂，汁浓味厚，酥烂鲜醇
8	煨	煨是将经过炸、煎、煸、炒或水煮的原料放入陶制器皿，加入葱、姜、酒等调味品和汤汁，用旺火烧开、小火长时间煮的烹调方法。制品特点是汤汁浓白、口味醇厚
9	烧	烧是将经过炸、煎、煸炒或水煮的原料，加适量的汤水和调味品，用旺火烧开，然后中小火烧透入味，再旺火使卤汁稠浓的一种烹调方法
10	扒	扒是将经过初步熟加工的原料整齐地放入锅内，加汤汁和调味品，用旺火烧开，然后中小火烧透入味，再旺火使卤汁稠浓的一种烹调方法

续表

序号	方法类别	具体说明
11	煮	煮是将原料放入多量的汤汁中或清水中，先用旺火煮沸，再用中小火烧热成熟的一种烹饪方法。煮的特点是汤菜各半，汤宽汁浓，不经勾芡，口味清鲜
12	余	余是沸水下料，一滚即成的烹调方法。原料大多是小型的或加工成片、丝、条状和制成丸子。一般先将汤或水用旺火煮沸，再投料下锅，只调味，不勾芡，一滚即起锅
13	烩	烩是将加工成形的多种原料一起用旺火制成半汤半菜的菜肴的烹调方法。原料一般都要经过初步熟加工，也可配些生料
14	煎	煎是以少量油遍布锅底，用小火将原料煎熟并两面煎黄的烹调方法。有的最后烹入调味品，有的不用
15	贴	贴与煎的烹调方法基本相同，但下锅后只煎一面。贴的原料一般是两种以上合贴在一起，而且必须用膘肉垫底，主料放在肥膘上面。贴的原料必须拌上调味料并挂糊
16	蒸	蒸是以蒸汽加热使经过调味的原料酥烂入味的烹调方法。它不仅用于蒸制菜肴，而且还用于原料的初步加热成熟和菜肴的回笼保温
17	烤	烤是生料经过腌制或加工成半成品后，放入以柴、炭、煤或煤气为燃料的烤炉或红外线烤炉，利用辐射热能直接把原料烤熟的方法

知识02 凉菜的制作方法

凉菜的制作方法主要有拌、炝、酱、腌、卤、冻、酥、熏、腊、水晶等，这里介绍几种常用的方法，具体见表5-3。

表5-3　凉菜的制作方法

序号	方法类别	具体说明
1	拌	拌是把生的原料或晾凉的热原料，切制成小型的丁、丝、条、片等形状后，加入各种调味品，然后调拌均匀的烹调方法。拌制菜肴具有清爽鲜脆的特点
2	炝	炝是先把生原料切成丝、片、块、条等，用沸水稍烫一下，或用油稍滑一下，然后滤去水分或油分，加入以花椒油为主的调味品，最后进行掺拌。炝制菜肴具有鲜醇入味的特点

序号	方法类别	具体说明
3	腌	腌是用调味品将主料浸泡入味的方法。腌制凉菜不同于腌咸菜，咸菜是以盐为主，腌制的方法也比较简单，而腌制凉菜须用多种调味品，口味鲜嫩、浓郁
4	酱	酱是将原料先用盐或酱油腌制，放入用油、糖、料酒、香料等调制的酱汤中，用旺火烧开撇去浮沫，再用小火煮熟，然后用微火熬浓汤汁，涂在成品的表面上。酱制菜肴具有味厚馥郁的特点
5	卤	卤是将原料放入调制好的卤汁中，用小火慢慢浸煮卤透，卤汁滋味慢慢渗入原料里。卤制菜肴具有醇香酥烂的特点
6	酥	酥是将原料在以醋、糖为主要调料的汤汁中，经慢火长时间煨焖，使主料酥烂、醇香味浓
7	熏	熏是将经过蒸、煮、炸、卤等方法烹制的原料，置于密封的容器内，点燃燃料，用燃烧时的烟气熏，使烟火味焖入原料，形成特殊风味的一种方法。经过熏制的菜品，色泽艳丽，熏味醇香，并可以延长保存时间
8	水晶	水晶也叫冻，它的制法是将原料放入盛有汤和调味品的器皿中，上屉蒸烂，或放锅里慢慢炖烂，然后使其自然冷却或放入冰箱中冷却。水晶菜肴具有清澈晶亮、软韧鲜醇的特点

操作技能

技能01 制作回锅肉的操作步骤

家政服务员在制作回锅肉时，可按图5-9所示的操作步骤进行。

步骤一	锅中加入冷水，放姜片、几个八角、葱结、20颗左右的花椒，放入五花肉。回锅肉最好用五花肉，有瘦有肥才好吃。水开后撇出浮沫，小火煮半个小时，八成熟就可以捞出来冷却
步骤二	在煮肉的过程中把洋葱和青红椒切片，顺便备好姜末
步骤三	把煮好的五花肉切成薄片
步骤四	锅内放少许油，加姜末，下白肉煸炒，肥肉变得卷曲，下豆瓣酱炒香上色（看到油色红亮）
步骤五	下洋葱、青红椒至断生，加少许白糖翻炒一下即可（豆瓣酱因为本身有咸味，所以咸味可根据此时菜肴的具体咸度或个人口味酌情添加）

图5-9 制作回锅肉的操作步骤

🎈 **专家提示** ▶▶▶

① 煮肉时要冷水下锅，能更有效地去除血水和腥味；

② 肉片要煸透，至微微卷起，俗称"灯盏窝"，这样才能肥而不腻；

③ 如果在加入青蒜的时候最好先放白色部分略炒，然后再加绿叶，以便保持一致的成熟度，颜色也会更漂亮。

🔍 技能02 制作清蒸鱼的操作步骤

家政服务员在制作清蒸鱼时，可按图5-10所示的操作步骤进行。

步骤一	鱼杀好洗干净备用，葱切段铺在碟面，把鱼放上
步骤二	隔水清蒸8分钟
步骤三	蒸鱼期间，用大量葱丝、半碗生抽和少许糖下锅煮开后捞起备用，小半碗油烧热备用
步骤四	蒸好的鱼拿掉铺底的葱，倒掉蒸鱼的水，铺上大量葱丝，倒入烧得滚烫的熟油，然后再倒入调好的酱油即可

图5-10 制作清蒸鱼的操作步骤

🎈 **专家提示** ▶▶▶

① 制作清蒸鱼的时候须注意水开后再上锅，不可凉水时将鱼加入，会影响口感；

② 最后出锅时也可把热油淋在鱼身上，但考虑到现代养生一再告诫人们"少油少盐，能免则免"的道理，故省之；

③ 判断鱼是否蒸熟了可根据鱼眼是否变白或用牙签插入鱼腹较厚的那个部位，若能轻松地穿透则表明鱼肉已完全蒸熟。

技能03 制作啤酒鸭的操作步骤

家政服务员在制作啤酒鸭时，可按图5-11所示的操作步骤进行。

步骤一	准备好所需食材
步骤二	鸭洗净切块，辣椒切块
步骤三	炒锅热油，放干辣椒、姜、蒜爆香，放鸭肉翻炒
步骤四	大火煸炒至鸭肉收干不出水（出水多可以倒掉），并且炒出部分鸭油
步骤五	加生抽、老抽、糖、一个八角炒至上色
步骤六	加入一瓶啤酒
步骤七	大火烧开后，改中小火焖40分钟
步骤八	待汤汁基本收干加入青红椒、葱花翻炒，再加盐调味，即可起锅

图5-11 制作啤酒鸭的操作步骤

专家提示 ▶▶▶

① 啤酒除能去腥之外，还能起到脆嫩、提鲜的作用，所以不需要再加料酒；

② 半只鸭子刚好用一瓶啤酒的量，不用再加水，如果是一只鸭子就得用两瓶啤酒了；

③ 鸭皮油多，所以无须多加油，用一点点能炒香姜蒜的油即可；

④ 用啤酒炖煮鸭肉，鸭汤会有很浓郁的啤酒味，不过久煮后酒味就会渐消，中火最少要煮40分钟、小火最少要煮60分钟；

⑤ 香料分量宜少不宜多，目的在于提升啤酒鸭的鲜香味，放太多香料容易抢了主味。

技能04 制作小炒鸡的操作步骤

家政服务员在制作小炒鸡时，可按图5-12所示的操作步骤进行。

步骤一	把所有材料准备好
步骤二	木耳用温水泡开备用
步骤三	洋葱洗干净，切成片
步骤四	蒜洗干净，切段
步骤五	姜去皮，切成片
步骤六	鸡洗干净，切成块
步骤七	切好的鸡块放进大碗中，加入适量料酒和盐腌制20分钟
步骤八	热锅下油，油热后，加入花椒、姜片、1/2的洋葱和蒜段
步骤九	炒至洋葱呈透明状，爆出香味后加入腌制好的鸡块
步骤十	爆炒至鸡块转色后，加入少许砂糖
步骤十一	翻炒均匀，加入柱候酱
步骤十二	快手翻炒，炒到均匀后加入木耳，翻炒均匀后，加入少许清水，焖5分钟
步骤十三	加入剩余的蒜段、洋葱片
步骤十四	翻炒断生后，加入少许生粉水
步骤十五	炒至收汁即可熄火

图5-12　制作小炒鸡的操作步骤

专家提示 ▶▶▶

① 腌料和柱候酱中已有味，口味重的要试过味，不够再适当加点盐。

② 炒的时候要用大火，这样爆出来的鸡肉才香嫩。

③ 砂糖不要加得太多，只需少许即可。

技能05 制作酸辣土豆丝的操作步骤

家政服务员在制作酸辣土豆丝时，可按图5-13所示的操作步骤进行。

步骤一	用刨子把土豆去皮，然后切丝
步骤二	土豆丝切好后，过冷水去淀粉，换几次水，这样炒出的菜口感较脆
步骤三	热油锅，油热时，把花椒粒放进去，炸出香味后把花椒捞出不要
步骤四	再把干辣椒、葱段、姜丝放入爆出香味
步骤五	倒入沥过水分的土豆丝，炒至八成熟时加入精盐、味精调味，再淋上香油和白醋，炒熟即可

图5-13 制作酸辣土豆丝的操作步骤

专家提示 ▶▶▶

① 土豆丝用刀切的丝比擦丝器擦出来的更好吃；
② 用清水洗掉淀粉是为了让土豆丝清脆好吃、不黏糊。

技能06 制作炒青菜的操作步骤

家政服务员在制作炒青菜时，可按图5-14所示的操作步骤进行。

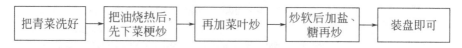

把青菜洗好 → 把油烧热后，先下菜梗炒 → 再加菜叶炒 → 炒软后加盐、糖再炒 → 装盘即可

图5-14 制作炒青菜的操作步骤

专家提示 ▶▶▶

家政服务员在炒青菜的时候不要炒得太熟，否则营养会流失。

技能07 制作凉拌猪耳朵的操作步骤

家政服务员在制作凉拌猪耳朵时，可按图5-15所示的操作步骤进行。

步骤一	猪耳朵清洗后，用刀背将两面刮干净
步骤二	烧一锅热水，将猪耳朵简单焯一下，时间不用长，变成白色即可捞出
步骤三	另准备一锅清水，根据自己的口味，加入老抽、生抽、胡椒粉、五香粉、红糖、白醋、白酒、花椒、大料、桂皮，搅拌均匀，制作成卤汁
步骤四	卤汁烧开后，放入猪耳朵，小火煮20分钟左右，喜欢吃脆的少煮一会儿，喜欢吃软的就多煮一会儿，但最多不要超过1小时，否则影响口感
步骤五	关火后，将猪耳朵继续浸泡在卤汁中，使其充分入味
步骤六	等猪耳朵彻底晾凉后，捞出切丝
步骤七	猪耳朵可以放入冰箱冷藏一会儿，口感会更爽脆。吃的时候，浇上少量生抽、香醋和辣椒油，撒上熟的白芝麻，拌匀即可
步骤八	凉拌猪耳朵就做好了

图5-15 制作凉拌猪耳朵的操作步骤

专家提示 ▶▶▶

① 煮猪耳朵的时候切记不能煮得太久，否则会太软，时间只需要20分钟左右即可；

② 凉拌菜适量即可，拌好的菜应一次吃完，剩余的凉拌菜易变质。

第三节 家庭煲汤

📖 **基础知识** ▶▶▶ ------------------------------------

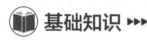 **煲出色泽澄清汤水的方法**

菜讲究色、香、味，而汤同样有这方面的要求，那么，如何令煲出来的汤色泽澄清呢？主要有以下两种方法。

1.冷水下锅，小火慢煲

因为冷水下锅，肉中蛋白质和脂肪容易溶解在汤中，使汤味更鲜美。如果锅内水开时下锅，就会使原材料表皮快速收缩，内部物质不能排除，影响味道。

2.掌握好火候

煲清汤时，要大火煲滚，小火煲成。原料下锅后，需大火快速煮沸，然后再小火慢煲，撇去浮沫即可。

📖 知识02 **煲汤和炖汤的区别**

煲汤和炖汤的区别如图5-16所示。

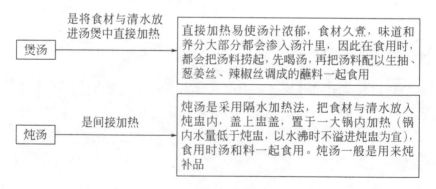

图5-16 煲汤和炖汤的区别

知识03 春季煲汤原则及食材

春天要以平补为原则，不能一味使用温补品，以免春季气温上升，加重身体内热，损伤人体正气。通过饮食调养阳气以保持身体健康，春季煲汤原则及食材见表5-4。

表5-4 春季煲汤原则及食材

序号	类别	具体说明
1	煲汤原则	① 主食中选择高热量食物。除米面杂粮外，适量加入豆类、花生等热量较高的食物。 ② 保证充足优质的蛋白质。如奶类、蛋类、鱼肉、禽肉等。 ③ 保证充足维生素。青菜及水果维生素含量较高，如西红柿、青椒等含有较多维生素C，是增强体质、抵御疾病的重要食物
2	食材	春季煲汤最佳食材有胡萝卜、豆腐、莲藕、荸荠、百合、银耳、蘑菇、花生、芝麻、大枣、栗子等

知识04 夏季煲汤原则及食材

夏季煲汤原则及食材，具体见表5-5。

表5-5 夏季煲汤原则及食材

序号	类别	具体说明
1	煲汤原则	夏季煲汤应坚持以清淡为主，保证充足维生素和水，保证充足无机盐及适量补充蛋白质。由于夏季炎热而汗多，体内丢失水分多，脾胃消化功能较差，所以多进稀食是夏季饮食养生的重要方法。如早、晚进餐时食粥，午餐时喝汤，这样既能生津止渴、清凉解暑，又能补养身体
2	食材	夏季煲汤最佳食材有冬瓜、绿豆、西红柿、金银花、西洋参、橄榄、枇杷、苦瓜、鸭肉、无花果等

知识05 秋季煲汤原则及食材

秋季煲汤原则及食材见表5-6。

表5-6　秋季煲汤原则及食材

序号	类别	具体说明
1	煲汤原则	秋季煲汤以润燥滋阴为主，宜"少辛多酸"；尽可能少食葱、姜、蒜、韭菜等辛味品，提倡吃辛香气味食物，饮食不要过于生冷，符合"秋冬养阳"原则
2	食材	秋季煲汤必备食材有菊花、百合、莲子、山药、莲藕、黄鳝、板栗、核桃、花生、枣、梨、海蜇、黄芪、人参、沙参、枸杞、何首乌等

📖 **知识06** **冬季煲汤原则及食材**

冬季煲汤原则及食材见表5-7。

表5-7　冬季煲汤原则及食材

序号	类别	具体说明
1	煲汤原则	① 注意多补充热源食物，增加热能的供给，以提高机体对低温的耐受力； ② 多补充含蛋氨酸和无机盐的食物，以提高机体御寒能力； ③ 多吃富含维生素B_2、维生素A、维生素C的食物，以防口角炎、唇炎等疾病的发生
2	食材	为预防冬季常见病可常吃羊肉、鹿肉、龟肉、鹌鹑肉、鸽肉、虾、蛤蜊、海参等

🔍 **操作技能** ▶▶▶ -

◐ **技能01** **煲鸡汤的操作步骤**

家政服务员在煲鸡汤时，可按图5-17所示的操作步骤进行。

步骤一	把鸡处理干净，香菇在碗中提前泡发
步骤二	鸡先在开水中稍微焯一下，去血腥味
步骤三	把鸡放入煲锅，再倒入料酒，放入姜、蒜、香菇
步骤四	盖上盖子，大火煮沸后，用小火慢慢炖上1小时。出锅前放盐

图5-17　煲鸡汤的操作步骤

专家提示 ▶▶▶

鸡要去掉尾巴部分。不必放味精，鸡汤也会很鲜美。盐在出锅前加，肉会更鲜嫩。

技能02 煲大骨玉米汤的操作步骤

家政服务员在煲大骨玉米汤时，可按图5-18所示的操作步骤进行。

步骤一 ▷	大骨洗净
步骤二 ▷	冷水放入排骨煮开余水，水开后撇去浮沫，将排骨捞出备用
步骤三 ▷	将玉米切段
步骤四 ▷	锅内放入清水将玉米和排骨同时下锅
步骤五 ▷	大火煮开后转小火煮50分钟，关火即可
步骤六 ▷	打开锅盖，加少许食盐盛出即可

图5-18 煲大骨玉米汤的步骤

专家提示 ▶▶▶

尽量让玉米吸入排骨的汤汁，这样会非常饱满，咬上一口香香的，比用白水煮的玉米好吃多了。

技能03 煲猪蹄花生汤的操作步骤

家政服务员在煲猪蹄花生汤时，可按图5-19所示的操作步骤进行。

步骤一 ▷	猪蹄冷水下锅，水里加葱段、料酒，水开后煮5分钟
步骤二 ▷	煮完5分钟，捞起来过冷水，冲去脏东西
步骤三 ▷	冲好后的猪蹄放进锅里面，加姜、料酒、花生
步骤四 ▷	加水没过食材，大火烧开后，转为小火最少煲1个半小时
步骤五 ▷	打开锅盖，加上盐就可以盛出了

图5-19 煲猪蹄花生汤的操作步骤

专家提示 ▶▶▶

家政服务员在煲这道汤的时候可以加入橘子皮、八角或者桂皮，以去除异味。

技能04 煲鲫鱼汤的操作步骤

家政服务员在煲鲫鱼汤的时候，可按图5-20所示的操作步骤进行。

步骤一	鱼去内脏洗净，最好用厨房纸巾擦干净鱼身上的水，这样保证煎时鱼皮完整
步骤二	不粘锅加入炒一个菜的油，油热后放鱼小火慢煎，此时另一个炉灶上坐汤锅加水，大火烧开，将鱼煎透至两面金黄（两锅一定要同时进行）
步骤三	让汤锅内水滚开着，将煎好的鱼连油一起倒入滚开的汤锅中（这一步很重要，不能鱼煎好了再烧水，也不能水开了关火再等着煎鱼）。火候要把握准，两锅内温度一致，鱼和水都是滚热的，这是出白汤的关键
步骤四	放入葱姜，开大火至汤滚起，持续3～5分钟白汤就出来了，此时再转小火，最少煲40分钟
步骤五	打开锅盖，加入盐就可以盛出了

图5-20　煲鲫鱼汤的操作步骤

专家提示 ▶▶▶

①制作全程不必加盐，起锅时再根据自己的口味加盐即可；
②汤锅内的水要一次加足，不可中途再加水；
③如果想更原生态一点，葱姜也可省略掉，更适合要哺乳的妈妈喝。

技能05 煲老鸭汤的操作步骤

家政服务员在煲老鸭汤时，可按图5-21所示的操作步骤进行。

步骤一	白萝卜去皮切块洗净
步骤二	冷水下锅焯水后捞起
步骤三	鸭肉冷水下锅烧开，焯水后捞起洗净
步骤四	准备葱姜
步骤五	沙锅中倒入开水，加入鸭肉和葱姜大火烧开
步骤六	之后加入料酒
步骤七	撇清浮沫
步骤八	大火烧开后转小火煲1小时
步骤九	之后加入白萝卜转大火烧开，然后转小火至萝卜熟
步骤十	尝味道加盐调味后熄火

图5-21 煲老鸭汤的操作步骤

专家提示 ▶▶▶

　　白萝卜焯水能去掉萝卜味，这样能保证萝卜味不盖过鸭肉的味道。别加味精，原汁原味味道更好。

技能06 煲鸽子汤的操作步骤

　　家政服务员在煲鸽子汤时，可按图5-22所示的操作步骤进行。

步骤一	准备鸽子和红枣
步骤二	鸽子头去掉，切成4份
步骤三	放入开水里面煮开去掉血水
步骤四	煮起来用水冲干净放入炖盅里面
步骤五	加入水、少许姜丝和红枣
步骤六	放入专用炖锅隔水炖
步骤七	炖2个小时
步骤八	要出锅的时候放入盐就可以了

图5-22 煲鸽子汤的操作步骤

Domestic Helper

第六章
家居清洁技能

第一节　清洁家居

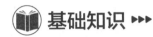 基础知识 ▶▶▶ --

知识01 客厅整体清洁

① 打开窗户，使空气流通，保持室内空气新鲜；

② 收拾茶几，同时倒掉烟灰、清理水杯；

③ 将洗好的烟灰缸、水杯等放回原处摆放整齐；

④ 擦家具时，要先上后下，从左往右或从右往左；

⑤ 门、窗户、墙壁要定期清洁；

⑥ 电视墙应按从上到下的顺序清除灰尘；

⑦ 清洁地板、沙发底下的灰尘、杂物及暗藏部分；

⑧ 清洁阳台的防护栏、台面、地板，物品整理归类放好；

⑨ 所有卫生做完后再仔细检查一遍是否有遗漏的地方；

⑩ 整理工具时，要将保洁工具清洁干净摆好备用。

知识02 不同类别的沙发清洁

对于不同材质的沙发，其清洁方法也有所不同，具体见表6-1。

表6-1　不同类别的沙发清洁方法

序号	类别	清洁方法
1	皮制沙发	在夏天，皮制沙发坐过之后容易留有汗水，很容易沾上污垢。因此要先用湿布将它湿润，然后将家庭专用洗洁剂滴在布上，进行擦除，最后用清水擦洗一次即可
2	合成革沙发	合成革沙发长久使用后会失去光泽产生暗淡感。此时可用洗洁剂擦拭之后，再打上家具专用蜡
3	布艺沙发	清除布艺沙发上的污垢时，可用洗涤剂或氨水进行擦拭，注意擦拭时不可过分用力，以免使其变白。如果布面起皱，可用蒸汽熨斗进行处理

知识03 地毯特殊情况处理

对于地毯的压痕、口香糖等特殊情况，需要采取特殊的方法予以处理，见表6-2。

表6-2 地毯特殊情况处理

序号	类别	处理方法
1	压痕	地毯长期被重物压住，会形成压痕。清洁时，可先用蒸汽熨斗在有压痕的地方喷蒸汽，然后再用软毛刷不断拭刷，地毯慢慢就可恢复弹力
2	口香糖	切勿强行撕起粘在地毯上的口香糖，应用胶袋盛放冰块把口香糖冷却成硬块，便可以把整块口香糖除去，然后用干洗用的地毯清洁剂清洁，再用软毛刷把地毯毛刷松
3	漂白水	若不小心将含有漂白成分的清洁剂滴在地毯上，应立即用纸巾把液体吸干，然后任其风干。注意不可将湿处抹开，也不能用湿布抹地毯，因为这样做只会使范围扩大

知识04 电视背景墙特殊情况处理

电视背景墙不会主动吸附灰尘，所以日常的护理是比较容易的。对于挂尘、集灰，只需使用鸡毛掸轻掸或用干净的抹布轻轻擦拭即可，或者使用吸尘器吸尘。硅藻泥背景墙本身还具有一定的抗污性，如有手印或铅笔等印迹，用橡皮即可擦掉。不同污渍导致的墙面不清洁，采用的清洁技巧也不同。清洁电视背景墙面不同污渍的技巧如下：

① 最常见的就是手印，可以选择学习用的橡皮或是细砂纸进行清理，轻轻地擦拭墙面即可。

② 如果上面出现灰尘，可以选择鸡毛掸或是干净的抹布擦拭或是使用吸尘器吸尘。

③ 电视背景墙面上出现咖啡或是橙汁等有色液体的时候，较浅的污渍可以选择含氯漂白剂的干净抹布擦拭；如果污渍较深并且面积较大，则需要在其彻底干透后局部刷水性底油，再用硅藻泥配套的同色硅藻泥涂刷遮盖即可，脏一块，补一块。

知识05 家居饰物清洁

对于不同饰物的清洁，其方法见表6-3。

表6-3　家居各类饰物清洁

序号	饰物类别	清洁要领
1	织物挂饰	不宜用水洗，可用吸尘器除尘或干洗。晾在阴凉通风处，用棍轻轻敲打除尘
2	金属饰品	用少量的牙膏或细砂纸轻磨除锈，用湿布蘸少量洗涤剂擦拭，再用软布擦干
3	陶瓷制品	小件直接用水冲洗，大件用湿布擦拭，轻拿轻放，以免损坏
4	塑料制品	先用刷子蘸洗涤剂刷洗，清水冲净，再用软布擦干
5	字画	用鸡毛掸子轻拂除尘
6	石膏像	先用干布擦去表面的浮尘，然后用软刷子蘸肥皂水反复擦拭，用软湿布擦净

知识06 各类玻璃窗的清洁

对于卧室中不同类别玻璃窗的清洁，其方法见表6-4。

表6-4　各类玻璃窗的清洁方法

序号	方法类别	具体说明
1	刻花玻璃	首先用玻璃清洁剂在玻璃上交叉喷一个"X"字印，用硬刷或清洁球像画圆似的擦拭，再用水将洗涤剂擦洗干净，最后用干净的抹布擦干
2	手够不着的玻璃	使用可伸缩的"T"形窗刷。先将抹水器的海绵部分蘸上水，伸缩杆拉长，由玻璃顶端从上往下垂直擦洗，用刮水器的橡胶刮头刮净玻璃上的水迹
3	纱窗	将纱窗拆卸下来直接用水冲净擦干。卸不下来的纱窗先用吸尘器吸去表面的灰尘，然后再擦

知识07 卧室整体清洁

1.保证光线合适

打开窗帘或开灯，以便有充足的光线，方便工作。要勤开窗，使空气流通。

2.整理床和衣物

将脏床单及枕套收去，将衣物挂好或叠好，铺床，将物品安放整齐或放回原处。

3.擦尘

由房门开始，按顺时针或逆时针方向擦尘。先把湿布叠好擦尘，从左而右，由上而下，最后用干布擦干。

4.清洁家具物品

清洁家具物品的重点见表6-5。

表6-5　清洁家具物品的重点

序号	类别	重点
1	房门	门顶、门框、正门内外、门锁、门档
2	衣柜	衣柜面四周、衣架杆、衣架、衣柜地板、衣柜门内外
3	镜子	从左至右，由上至下，再擦四周
4	床头柜、梳妆台	面、侧、抽屉
5	梳妆椅	椅垫、椅柜、椅脚
6	电视机	顶、背、侧（按键、底部）
7	电视机柜	面、侧、抽屉
8	沙发椅	垫边、垫座
9	咖啡台	面、底、脚
10	地灯	灯罩顶、灯泡、灯杆、灯座
11	窗台	玻璃、窗框、窗台
12	床头板	顶、侧
13	床头灯	灯罩、灯泡、灯座
14	床头柜	面、侧、抽屉
15	电话	接收器、机身、电线、按键
16	壁画	画框、画面

5.吸尘

由内至外。

知识08 各类地板的清洁方法

各类地板的清洁方法见表6-6。

表6-6　各类地板的清洁方法

序号	类别	清洁方法
1	地毯	① 用布把吸尘器不能吸到的地毯边擦干净，然后用吸尘器把床底及家具底吸干净。 ② 如果家具被移动过，应把它放回到原来的位置。 ③ 吸尘时应从房间内往外吸。 ④ 地毯如有污渍，应用刷子清洁。连接门下的地毯应常清洁，确保洁净
2	大理石	只需勤于吸尘和用水抹去污渍便可。千万不能用绿水拖地，不然会破坏地砖的保护层
3	瓷砖	吸尘，用净板素或绿水拖地清洁
4	胶地板	吸尘，利用净板素或绿水拖地清洁

知识09 不同性质污渍的处理方法

不同性质污渍的处理有不同的方法，具体见表6-7。

表6-7　不同性质污渍的处理方法

序号	类别	处理方法
1	微波炉有异味	可用一杯水加几匙柠檬汁煮5分钟，再用干布抹干
2	洗手盆胶边发黑	用棉花浸湿漂白水贴在发黑的胶边上，等2～3小时直至漂白后，再用清水洗净
3	瓦煲烧焦	用清水浸软烧焦部分，再用钢丝球加清洁剂擦洗（千万不要把烫热的煲用冷水冲或浸洗，否则煲会爆裂开）
4	抹布或茶杯有顽固污渍	用厨房清洁剂加开水浸泡，待漂去污渍后再用清水冲净
5	茶壶、热水瓶、电热壶有水垢	用水垢清洁剂倒入容器内，注入热水。几分钟后待水垢脱落，再用清水洗净
6	天花板有灰尘	将丝袜从天花板中央扫向墙身，因丝袜产生静电能吸取灰尘。若有明显污渍，用钢丝球或细砂纸轻磨表面。千万不要用湿布，因为这样容易留下污渍

知识10 厨房清洁卫生

1.厨房清洁的基本要求

① 经常保持厨房内外的环境卫生，注意通风换气，及时清扫垃圾污物。若厨房门窗直接通向户外，要注意随时关好门窗和纱窗，保障安全。

② 厨房家具、炊具、餐具要经常清洗、消毒。

③ 各种调料、鲜菜、鲜肉要妥善存放，防止串味变质。

④ 剩饭、剩菜应放在通风阴凉处，存放时间不要过长，食用前要重新加热。米袋、面袋要注意防潮。

2.燃气灶具的清洁

① 做到随用随擦，这是最简便省力的方法；

② 做饭菜时若有糊汁、油污、汤汁粘到灶具上，可随手用抹布或废报纸擦拭；

③ 若燃气灶具上已积有许多污垢，可先用面汤、淘米水等泡洗后再清理。

3.炊具、餐具清洁卫生

炊具、餐具应本着用时拿取、用后收放的原则，不乱堆砌，不拖时间，用一件拾掇一件，既省时又省力。

（1）餐具的摆放应分门别类

① 盘与盘放在一起，碗与碗放在一起，同类型的餐具按照大小及形状顺序放好，以免磕碰。

② 根据餐具用途分别摆放，经常用的放在橱柜外面，伸手就能拿到；不经常用的放在里面，随用随拿。

③ 摆放餐具时应尊重雇主家的摆放习惯，避免你不在时，雇主不容易拿取使用。

（2）炊具、餐具用后要洗涤干净

① 对于无油腻的，可以直接用清水冲洗，油腻较多的餐具可用去油剂浸泡洗净。

② 使用洗涤剂清洗往往很难洗净餐具上的油腻，可用去污粉反复擦洗。

③ 婴幼儿、病人、客人用过的碗筷，应煮沸消毒。

④ 洗涤的顺序应遵循小孩用的餐具单独洗，先洗不带油的、后洗带油的，先洗小件、后洗大件，先洗碗筷、后洗锅盆。

（3）烹饪后的油锅要及时清洗

① 可将油锅直接用淘米水、碱水或洗涤灵之类的去油剂浸泡刷洗，再用清水冲洗干净；

② 也可以用些清水放在锅内煮开趁热冲洗；

③ 刚炒完菜的油锅也可直接放在水龙头下，趁锅热放清水冲洗干净。

知识11 浴室清洁卫生

① 携带工具进入浴室，先开启排气扇或窗门，开启适量的电灯；

② 观察整个浴室有无特别情况或特别要留意的地方；

③ 收集垃圾；

④ 吸尘或扫地，地面上如留有毛发，采用手取等方法予以清除；

⑤ 清洁水箱；

⑥ 将清洁剂倒入坐厕漂浸；

⑦ 擦窗门玻璃及镜；

⑧ 清洁浴缸、浴帘及浴缸附近的墙身；

⑨ 擦浴室门及门框；

⑩ 擦电热水器外壳；

⑪ 清洁坐厕；

⑫ 清洁洗手盆；

⑬ 清洁地面。

操作技能 ▶▶▶

技能01 清洁沙发的操作步骤

家政服务员在清洁沙发时，可按图6-1所示的操作步骤进行。

步骤一	用清水冲洗毛巾（或任何柔软不褪色的抹布），用手拧干后折叠起来，手持折叠好的毛巾
步骤二	往沙发上喷上皮革保护剂直到微湿，抹拭皮革，轻轻揉擦，切勿用力摩擦；按顺序拭抹每一部分，重复喷上保护剂，再擦拭
步骤三	对于沙发上的脏污处，可用干净毛巾蘸上沙发专用清洁剂在沙发脏污处反复擦拭，从污渍外围向内擦，最后用抹布蘸清水擦去清洁剂即可

图6-1　清洁沙发的操作步骤

技能02：清洁茶几的操作步骤

　　每个家庭的茶几的类型都不一样，其材质类别也不一样，家政服务员要根据茶几的材质采用适当的清洁方法，图6-2所列的是清洁玻璃茶几的操作步骤。

步骤一	用潮湿的旧报纸擦拭，擦的时候最好是一面垂直上下擦，另一面左右水平擦，这样容易发现漏擦的地方
步骤二	先用温水冲洗一遍，再用湿布蘸少许酒精擦拭，或是家里喝剩下的酒不要倒掉，用来擦玻璃会特别明亮
步骤三	在玻璃上滴点儿煤油，或用粉笔灰和石膏粉蘸水涂在玻璃上晾干，用干净布或棉花擦，玻璃既干净又明亮
步骤四	玻璃上有油漆或污物，可在上面涂一些醋，待浸软后再用干净的布擦掉
步骤五	如玻璃发黑，可用细布涂牙膏擦拭，可使玻璃恢复洁净

图6-2　清洁茶几的操作步骤

技能03：清洁窗户的操作步骤

　　家政服务员在清洁窗户时，可按图6-3所示的操作步骤进行。

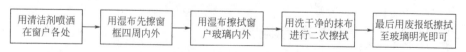

图6-3　清洁窗户的操作步骤

技能04 整理床铺的操作步骤

家政服务员在整理床铺时，可按图6-4所示的操作步骤进行。

步骤一	准备干净的床上用品放在床边椅子上
步骤二	撤换下脏的床上用品，放入卫生间布草筐内待洗
步骤三	调整床垫，使床垫与床架重合，拉平白衬垫
步骤四	将床单正面朝上，站在侧面或床头甩开床单，中线居中，四周垂下部分相同，再包好四角做成直角或直接将多余部分理平，垂直挂于床两侧
步骤五	拍松枕芯，把枕头折成一半，用手握住两边，从枕套开口处均匀放入枕芯，平整四角。把套好的枕头摆放在床头正中，床头与枕头齐平，要求枕套口朝向一致
步骤六	棉被套上被套，床头与棉被齐平，平铺床上。到床尾将被套及棉被多出部分理平，两边棉被垂直挂于床两侧

图6-4　整理床铺的操作步骤

技能05 清洁床的操作步骤

家政服务员在清洁床时，可按图6-5所示的操作步骤进行。

步骤一	平常要定期为床头柜打蜡，唯有平常多保养才能保持常新
步骤二	热杯盘等间接放在家具漆面上，会留下一圈烫痕。通常只需用煤油、酒精、花露水或浓茶蘸湿的抹布擦拭便可，或用碘酒在烫痕上稍稍擦抹或涂上一层凡士林油，隔两日再用抹布擦拭烫痕便可消除
步骤三	床头柜很容易弄脏，用抹布不容易擦去脏痕，不妨试着用牙膏挤在洁净的抹布上，只需稍稍一擦，家具上的污痕便会去除。用力不必太大，勿伤漆面
步骤四	当木床头柜出现裂痕时，可将旧报纸剪碎，加入适量明矾，用清水或米汤将其煮成糊状，接着用小刀将其嵌入裂痕并抹平，干后会非常结实，再涂以一样颜色的油漆，木器就能够复原到原来的面目了
步骤五	假如家具漆面擦伤，未触及木质，可用与家具颜色相同的蜡笔或颜料在家具的创面涂抹，掩盖外露的底色，接着用透亮的指甲油薄薄地抹一层便可

图6-5　清洁床的操作步骤

技能06 清洁梳妆台的操作步骤

家政服务员在清洁梳妆台时，可按图6-6所示的操作步骤进行。

步骤一	先将梳妆台上的东西归类整理好
步骤二	用蘸上酒精的干布擦拭镜面
步骤三	梳妆台台面只需用干净的抹布蘸少量水擦拭即可
步骤四	清洁柜身时，切忌将湿布直接擦拭柜身，如有水迹要及时擦拭干净
步骤五	可用一般家具清洁剂擦拭，若柜身上涂有油漆，可先用布料蘸上少量，在不显眼的区域尝试，若无掉色情况，即可放心使用

图6-6 清洁梳妆台的操作步骤

技能07 清洁衣柜的操作步骤

家政服务员在清洁衣柜时，可按图6-7所示的操作步骤进行。

步骤一	衣柜表面有灰尘的时候，使用鸡毛掸子或软布把上面的灰尘除去，如果有污渍，可以使用砂蜡摩擦去掉
步骤二	五金部件的地方，可以用干软布擦拭，切记不要用有化学物质的清洁剂或强酸强碱液体清洗，如果表面有黑点，可以蘸少许煤油擦拭黑点处
步骤三	尽量不要损坏或刮花衣柜的表面，如果表面有轻微划痕和碰撞，可以用布蘸烟灰与柠檬汁混合物擦拭，干后上蜡就可以了
步骤四	同时，要定期对连接件进行检查，发现松动要及时紧固，并注入少量润滑油。清洁的时候，可以用略湿的抹布擦拭衣柜的柜体、柜门，切忌用腐蚀性的清洁剂。轨道的灰尘可以用吸尘器或小毛刷清理，柜架、拉杆等金属件可以用干布擦拭

图6-7 清洁衣柜的操作步骤

技能08 清洁木地板的操作步骤

每个家庭的装修都会用到不一样的地板，其材质类别也不一样，家政服务员要根据地板的材质采用适当的清洁方法。图6-8所列的是清洁实木地板的操作步骤。

步骤一
> 定期使用吸尘器来清洁木地板。由于实木地板容易受潮滋生细菌，所以尽量选择有过滤网的吸尘器，在吸除可见垃圾的同时，也能通过过滤网过滤掉一些有害微生物和寄生虫等

步骤二
> 给吸尘器换上特制木地板吸尘嘴。柔软的刷毛轻轻地和地板接触，加上橡胶滚轮的柔和作用，最大程度地把实木地板给保护起来

步骤三
> 进行二次清洁去除地板污渍的时候，要把抹布或拖把尽量拧干，适当地擦拭。如果遇到油渍、饮料等地板残渍，也可以用抹布蘸取平时的淘米水，拧干以后再擦拭，很快就能让地板干净亮泽起来了

步骤四
> 为了延长地板漆面寿命，每年定期给地板上蜡也是绝对不能少的步骤。在上蜡前，先将地板擦拭干净，然后，在地板表面均匀地涂抹一层地板蜡，等到地板蜡稍稍晾干以后，用干抹布擦拭就可以了

图6-8　清洁实木地板的操作步骤

技能09　清洁电脑的操作步骤

家政服务员在清洁电脑时，可按图6-9所示的操作步骤进行。

步骤一
> 外壳及连接线。把清洁液喷到清洁布上进行擦拭即可

步骤二
> 键盘。表面用清洁液和清洁布进行清洁，缝隙用毛刷进行清洁即可

步骤三
> 鼠标。把清洁液喷到清洁布上进行擦拭即可

步骤四
> 出风口及各接口。用毛刷进行清理，同时用吸尘器吸出集尘

步骤五
> 屏幕。把清洁液喷到无尘布上，轻轻地擦拭即可

图6-9　清洁电脑的操作步骤

技能10　清洁书柜的操作步骤

家政服务员在清洁书柜时，可按图6-10所示的操作步骤进行。

步骤一	打开书房窗户开窗通风
步骤二	用鸡毛掸子把灰尘清除干净
步骤三	用拧干的湿布擦拭书柜外面各处
步骤四	打开书柜所有门
步骤五	用电吹风沿着从上到下的排列顺序吹遍书柜内所有角落
步骤六	书柜内清洁完后，10分钟后关闭柜门即可

图6-10　清洁书柜的操作步骤

技能11　清洁墙壁的操作步骤

家政服务员在清洁墙壁时，可按图6-11所示的操作步骤进行。

步骤一	若墙面上贴的是塑胶壁纸，而且油垢太厚不好清理，可喷些面粉，使之与油垢混合结成油污块，就可以轻松地去除了
步骤二	烹饪时飞溅到墙壁上的油渍形成一点一点的黄斑，可以在墙壁上喷一些"浴厨万能清洁剂"，再贴上厨房纸巾，过约15分钟后，再进行擦拭的工作。或是直接将少量的"一般地板清洁剂"倒在抹布上，擦拭黄斑后再用清水冲洗。至于瓷砖缝等较难清洗的地方，则可以借助旧牙刷刷洗
步骤三	墙面砖缝长期受油污侵蚀变成一个个黑框，可以先用去渍剂沿砖缝涂一遍，几分钟后用旧牙刷刷干净，再用抹布擦两遍
步骤四	高处的墙面可用"T"形拖把清洁，在拖把上夹上抹布，蘸上清洁剂，反复几次直到把墙壁彻底擦干净
步骤五	如遇污垢很厚的地方还可用大张的纸巾盖住有污垢的地方，然后用清洁剂喷湿纸巾，纸巾便会粘贴在墙壁上，约15分钟后污渍便会软化，然后将纸巾撕下来，再擦拭污垢就会很容易擦干净

图6-11　清洁墙壁的操作步骤

技能12　清洁橱柜的操作步骤

家政服务员在清洁橱柜时，可按图6-12所示的操作步骤进行。

步骤一	门板的清洁：先将抹布浸入兑有洗洁精的热水中，再用浸有洗洁精的抹布擦拭门板各处，最后再用洗干净的抹布进行二次清洁（擦两次）。当然除了做好清洁外，也应避免台面上的水流下来浸泡到门板，否则时间一长，门板就会变形，从而影响橱柜的质量及使用
步骤二	水槽的清洁：先将洗洁精倒在钢丝球上，再用沾满洗洁精的钢丝球用力擦拭洗菜盆内外两面，最后用清水冲洗干净即可。水槽的清洁是橱柜清洁的一个关键问题，每次清洗水槽，要把滤盒后的管部颈端一同清洗，这样可以避免长期堆积的油垢越积越多，往后更加难以清洁；对于水槽的顽固油迹，可以试试在水槽内倒一些厨房去油渍的清洁剂，用热水冲后，再用冷水冲。这些都是比较有效的去污方法
步骤三	里柜的清洁：先将抹布浸入兑有洗洁精的热水中，再用浸有洗洁精的抹布擦拭里柜各处，最后再用洗干净的抹布进行二次清洁（擦两次）。需注意的是橱柜中的器皿都应该清洗干净后再放入柜中，很重要的一点就是要特别注意把器皿擦拭干，尤其是器皿接触橱柜的底端部分。橱柜中的五金件用干布擦拭，避免水滴留在其表面造成水痕。对于角落部分的清洁不要因为不好擦拭而长时间的搁置不管，这样就会造成橱柜藏污纳垢，反而污染了橱柜的全部，引起不必要的麻烦
步骤四	台面的清洁：先将抹布浸入兑有洗洁精的热水中，再用浸有洗洁精的抹布擦拭台面各处，最后再用洗干净的抹布进行二次清洁（擦两次）。橱柜台面一般都是人造石、防火板、不锈钢、天然石、原木等材质做成的，不同材质的橱柜台面就要有不同的清洁方法，这样才不会造成很多难以解决的问题，才能够保证厨房干净利落，橱柜整洁舒适

图6-12　清洁橱柜的操作步骤

技能13　清洁燃气灶的操作步骤

家政服务员在清洁燃气灶时，可按图6-13所示的操作步骤进行。

步骤一	燃气灶台面。市面上的燃气灶台面一般分为不锈钢台面、玻璃台面以及搪瓷台面。燃气灶中玻璃台面是最常见也是最好清洗的，每次使用后溅上油，用百洁布蘸着洗涤灵擦一下，再用干净抹布抹净即可
步骤二	燃气灶灶头清洁。灶头存在较多卫生死角，即使想清洁也较难。可以将灶头火架拆卸下来。可以采用"水煮"法清洁，盛满一锅水，把要清洁的灶头架放进锅里煮，加一点清洁剂，待水热后，油污脏物会自动剥离
步骤三	燃气灶打火孔清洁。燃气灶控制火头的出气孔经常会被汤汁堵住，造成不完全燃烧，火力不够强劲。可以将灶头取下来，对光，用牙签清理出气孔一次。灶头上堆积的碳化物和焦屑，可以用小细刷清除，也可以用细铁丝将出火孔一一刺通
步骤四	灶台打火开关清洁。灶台打火开关之间缝隙较小等手指伸不进去的地方，可以用竹片垫上百洁布擦拭

图6-13　清洁燃气灶的操作步骤

技能14 清洁抽油烟机的操作步骤

家政服务员在清洁抽油烟机时，可按图6-14所示的操作步骤进行。

步骤一	抽油烟机清洗的工具 / 原料。一盆温水、适量超浓缩去油剂、一把普通洗衣粉
步骤二	抽油烟机外壳。用百洁布将水溶液涂于物体表面，再用清水、抹布擦净即可
步骤三	抽油烟机扇叶清洗。将专用清洁剂喷在扇叶上，静置 3 分钟。将一锅水煮至沸腾，并使水蒸气对准抽油烟口，接着打开抽油烟机，利用离心力原理，使残存在扇叶上的油污随着流入集油杯中；关掉开关，拿干净抹布擦拭，扇叶立即清洁干净
步骤四	抽油烟机滤网清洗。取下扇叶，浸泡在加有专用清洁剂的温水中，静置约 10 分钟；用抹布擦拭，将油污轻轻擦去。若仍有顽固的焦油黏附，可用牙刷蘸取一点强油污清洁剂再轻轻刷洗，并用清水清洗干净
步骤五	抽油烟机储油盒清洗。若发现集油杯中已有 6 分满，便要着手清除。将存积的废油倒掉，将集油杯浸泡在温水及清洁剂中 3 分钟后，用抹布便可轻松抹净。在储油盒加放小一号新的一次性油盒（超市有卖），下次清理时把一次性油盒丢弃，清理起来会更方便
步骤六	抽油烟机开关。抽油烟机开关之间缝隙较小等手指伸不进去的地方，可以用竹片垫上百洁布进行擦拭

图6-14　清洁抽油烟机的操作步骤

技能15 清洁水龙头及配件的操作步骤

家政服务员在清洁水龙头及配件时，可按图6-15所示的操作步骤进行。

削下土豆皮（有肉的那一面）	→	反复擦拭不锈钢水龙头的表面，污垢和水垢就会慢慢地被清洗掉	→	然后用清水将水龙头清洗干净就可以了

图6-15　清洁水龙头及配件的操作步骤

技能16 清洁面盆的操作步骤

家政服务员在清洁面盆时，可按图6-16所示的操作步骤进行。

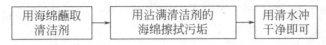

图6-16 清洁面盆的操作步骤

技能17 清洁浴缸的操作步骤

家政服务员在清洁浴缸时，可按图6-17所示的操作步骤进行。

步骤一	将浴缸清洁剂倒在专用抹布上
步骤二	擦拭浴缸外面各处
步骤三	将浴缸清洁剂倒在海绵上
步骤四	用沾满浴缸清洁剂的海绵擦拭浴缸各个部位
步骤五	用清水进行二次清洁
步骤六	用专用抹布擦干水分即可

图6-17 清洁浴缸的操作步骤

第二节 清洁家用电器

基础知识 ▶▶▶

知识01 冰箱的使用和保养原则

1.使用原则

家政服务员在使用冰箱时，需要遵循以下原则。

① 不要把食物直接放在蒸发器表面上，要放在器皿里，以免冻结在蒸发器上，不便取出。

② 不能把瓶装液体饮料放进冷冻室内，以免冻裂包装瓶，应放在冷藏室内或门搁架上。

③ 存储食物的电冰箱不宜同时储藏化学药品。

④ 中药材放置在冰箱时，一定要严格密封。如果中药材裸露放在冰箱里，其他食物的水分会被药材吸收，破坏药性。

2.保养原则

① 冰箱在使用一段时间（6～8周）后，应清洗内部，以免积存污垢，滋生细菌。

② 注意清洁冰箱底部地板下隐藏的垃圾和尘埃。

③ 当冷藏格霜厚约5毫米时应除霜。冰箱分无霜和有霜两大类，而有霜又分人工除霜、按钮式半自动除霜和自动除霜三种。具体见表6-8。

表6-8　冰箱除霜的类别

序号	类别	具体说明
1	人工除霜	要先关闭电源，将食物取出并采取适当的措施（如用旧棉被包住）保温，待冰霜融化后，用毛巾将水吸干，洗刷干净后再接电源
2	半自动除霜	只要把按钮按下，冰箱便自动关闭电源，除霜完毕后自动接通电源，除霜产生的水会流入盛水盘中。注意及时将水倒掉
3	全自动除霜和无霜冰箱除霜	全自动除霜和无霜冰箱除霜的水会被蒸发，因此不必人工处理

④ 清洁后，确保冰箱背后与墙壁保持适当的空间，以便流通热空气。

知识02　电饭煲的使用和保养原则

1.使用原则

家政服务员在使用电饭煲时，需要遵循以下原则。

① 轻拿轻放，不要经常磕碰电饭煲。因为电饭煲内胆受碰后容易变形，内胆变形后底部与电热板就不能很好吻合，从而导致煮饭时受热不均，易煮成夹生饭。

② 煮饭、炖肉时应时刻注意查看，以防汤水外溢流入电器内，损坏电器元件。要注意锅底和电热板之间要有良好的接触，可将内锅左右转

动几次。

③ 饭煮熟后，按键开关会自动弹起，这时不宜马上开锅，一般再焖10分钟左右，使米饭熟透。

④ 用完电饭煲后，应立即把电源插头拔下，否则自动保温仍在起作用，既浪费电，也容易烧坏元件。

⑤ 电饭煲不宜煮酸、碱类食物，也不要将它放在有腐蚀性气体或潮湿的地方。

2. 内锅保养原则

① 清洗内胆前，可先将内胆用水浸泡一会儿，不要用坚硬的刷子去刷内胆；

② 清洗后，要用布擦干净，底部不能带水放入壳内。

3. 外壳保养原则

① 电饭煲外壳上的一般性污迹，可先用洗洁精或洗衣粉的水溶液进行清洗，然后再用洗干净的抹布进行二次清洁即可；

② 当电饭煲内部控制部位有饭粒或污物掉进去时，应用螺钉旋具取下电饭煲底部的螺钉，揭开底盖，将其中的饭粒、污物除掉；

③ 若有污物堆积在控制部位某一处时，可用小刀清除干净后，用无水酒精擦洗。

知识03 微波炉的使用原则

家政服务员在使用微波炉时，需要遵循以下原则。

① 微波炉工作时炉腔内不能无食物，否则会损坏微波炉。

② 每次加热的食物不宜过多过厚。加热鸡蛋、板栗等带壳无孔的食物，应先刺穿，以防爆裂。

③ 使用保鲜膜覆盖加热食物时需留有小孔；密封的瓶子放在炉内加热应先将瓶盖打开，窄口瓶不可以直接加热。

④ 在微波炉工作时可随时打开炉门，检查或翻转食物。由于加热管温度很高，打开炉门时切勿用手触摸加热管，以免烫伤。要戴上隔热手套，方可翻转或搅拌食物。

⑤ 微波炉应放在空气流通的平台上，两侧及背面与墙壁有5～10

厘米的距离，保证微波炉排风口排气流畅。

知识04 波轮式洗衣机的使用和保养原则

1.使用原则

家政服务员在使用洗衣机时，需要遵循以下原则：

① 按照机身上洗涤剂指示器的要求加入适当的洗涤剂；

② 开机前留意衣物的质料，以选择不同的温度、转数，具体见表6-9。

表6-9 不同类别的衣服选择不同的温度、转数

序号	类别	温度/℃	转数/转
1	羊毛、纤维衣物	30	120～250
2	混合纤维	40	300～500
3	厚重布料/牛仔裤	70	600～750

2.保养原则

① 放进洗衣机内清洗的衣物不能过多，否则会损害马达。

② 洗衣粉（洗衣液）的用量要适当，过多的洗衣粉（液）会令漂洗困难。

③ 使用后要拔下电源插头，用湿布抹净内筒，并打开机门，使空气循环以风干内筒。

④ 定期擦干净肥皂格，擦干净机门的橡胶密封圈与机壳搭接的部分，以免水分积聚过多而使胶圈腐烂。切勿用砂粉清洁机器外部。

⑤ 每月检查过滤网一次。

知识05 干衣机（滚筒式）的使用和保养原则

干衣机是利用风扇把暖风吹进旋转的干衣滚筒内完成干衣程序的。滚筒内装有桨叶翻动衣物，令暖风更均匀地吹干衣物。干衣的理想程度是带有5%的湿气，以保持衣物的柔软。滚筒式洗衣机是全自动的，操作完全靠按钮控制。控制器主要分为调温器及时间控制器两类。

1.使用原则

家政服务员在使用滚筒式洗衣机时，需要遵循以下原则：

① 每次干衣前，应该根据衣物质料先行分门别类，将质料厚薄度不同的衣物分类后集中在一起处理；

② 最好能将衣物逐件解开，放进干衣机内，这样可缩短干衣时间，更可避免衣物过皱。

2.保养原则

① 运行不要超过所需时间。

② 含水量过多的衣物，例如经手洗的衣物，即使拧干后，也不宜交由干衣机处理。

③ 经常取出过滤网清除聚积在那里的绒毛。每次进行干衣前，先要检查过滤网是否已清理妥当，因为棉线聚积会妨碍热风的流通，干衣机的效率就会大打折扣。倘若过滤网严重堵塞，干衣机会过热甚至会有着火燃烧的危险。

📖 知识06 电风扇的使用和保养原则

1.使用原则

家政服务员在使用电风扇时，需要使用安全三脚插座接驳电源；如风扇发出噪声，应于旋转轴加润滑油。

2.保养原则

① 吊扇及壁扇应定期拂尘，偶尔用湿布加清洁剂洗擦，清除会妨碍运转的灰尘和绒毛。

② 圆形落地扇及台扇用湿布加清洁剂洗擦保护罩和扇叶上的油污，再用干布擦干。处理时要小心，不要碰撞扇叶，以免扇叶或保护罩变形，容易造成故障。

📖 知识07 空调的使用和保养原则

1.使用原则

家政服务员在使用空调时，需要遵循以下原则：

① 只需在房间使用前15分钟启动空调，以节省能源；

② 关掉空调后，切忌立即再启动使用，应待5分钟后再启动。

2.保养原则

（1）清洁隔尘网　隔尘网积满尘埃会影响制冷效果，日久更会使机器失灵。

① 窗式及分体式空调在夏天应每星期清洁一次隔尘网；

② 清洗时应先将空调切断电源，然后把隔尘网拉出，网上的积尘可用吸尘器吸掉或以清水冲洗；

③ 如果隔尘网积尘太多，可用少量清洁剂清洗，放在阴凉处吹干后装回空调。

（2）清洁面板及出风口　空调的面板及出风口的海绵都很容易积尘，可用吸尘器或柔软的干布清洁。

📖 知识08 电热水器的使用和保养原则

1.使用原则

家政服务员在使用电热水器时，需要遵循以下原则。

（1）通电使用前，必须确保热水器内胆注满水。注水方法：

① 将混合阀扳至热水处；

② 开启自来水进水阀门，待喷头连续出水时，表明热水器内胆中的水已注满；

③ 通电加热。

（2）若长期不使用热水器，应将热水器内胆中的水排空，以防水变质出现异味及内胆结垢。排水方法：

① 关闭自来水进水阀门；

② 将热水器混合阀扳至热水处；

③ 将安全阀手柄向上扳至水平位置，此时热水器内胆中的水便通过安全阀的泄压口流出并经排泄管流向下水道。

（3）打开混合阀洗浴时，喷头不应直接对着人体，避免水温过高或过低使人不适，待水温调至合适时再使用。

（4）洗浴时要确保喷出的水不淋到热水器上，以防热水器内部线路受潮而发生短路，造成危险。

（5）洗浴结束后，要首先将喷头远离人体，然后将混合阀关闭，将热水器电源关闭，同时要将喷头中的水甩干，将喷头挂在喷头支座上。

2.保养原则

电热水器在使用一定时间后，其内部会形成大量水垢，当水垢增厚到一定程度后，不仅会延长加热所需时间，而且还会发生崩裂，对内胆有一定损害，所以应定期排污。

① 电热水器没有排污阀的，需报告雇主请专业人员来清洁；

② 有的电热水器配有排污阀，可根据说明书自行排污。

📖 知识09 燃气热水器的使用和保养原则

1.使用原则

家政服务员在使用燃气热水器时，需要遵循以下原则。

① 使用时一定要先启动排气扇使室内的空气流通。

② 不要把毛巾等易燃物品放在热水器上，附近不要堆放易燃或有腐蚀性的物品。

③ 使用时如嗅到燃气的异味，应立即关闭燃气总开关，并打开门窗，排走燃气，此时不要使用电源开关和点火。事后要查明原因，并请专业维修公司上门查看。

④ 使用完燃气热水器要将燃气总开关关闭。

2.保养原则

① 热水器使用一段时间，可打开热水器面壳，用干布擦拭点火针及火焰感应针，注意擦拭力度不宜过大，否则会移动点火针或感应针位置，而影响热水器的使用。管道气专用燃气热水器最好半年保养一次。

② 必须经常检查供气管道各处接口是否密封，橡胶软管是否完好，是否老化、出现裂纹，一旦发现应及时处理及更换。

③ 注意热水器有无漏水现象，发现后应及时处理。

④ 定期清洁进水过滤网，如出现热水器出水量少、打不着火等现象，则可能有污物堵塞滤网，可拆开冷水进口接驳处取出滤网清理。

⑤ 热水器长期停用，一定要关闭气源，拔出电源插头或取出电池。

知识10 吸尘器的使用和保养原则

1.使用原则

家政服务员在使用吸尘器时，需要遵循以下原则。

① 尽量使用墙壁的电插座，不宜使用插板电源，以防意外。

② 使用前后要检查、清理机内所积存的垃圾尘埃。

③ 吸尘器只能用于吸尘，不可用于吸较大的垃圾，如厕纸、塑料袋等，因较大垃圾会阻碍机身散热和阻塞管道。

④ 不能太长时间开机器，以防损坏机器。

⑤ 吸尘器主要分为三种：立式、圆筒式和干湿两用式。每部吸尘器都附有不同的附件，如长短的吸管、刷，可按不同需要加装使用。

2.保养原则

① 每次用完吸尘器后要除去刷上的一些绒毛和棉线。

② 检查吸管，要保证上面无孔洞，吸管损坏了会影响吸尘。

③ 集尘袋过满以前就要倒尘。倒尘后用刷子轻轻擦掉集尘袋上的灰尘（一次集尘袋除外），不要用水洗涤，否则会令织物的结构疏松，使尘埃通过而进入马达。

操作技能 ▶▶▶ - - - - - - - - - - - - - - - - - - -

技能01 清洁冰箱的操作步骤

家政服务员在清洁冰箱时，可按图6-18所示的操作步骤进行。

步骤一	清理内胆前先切断电源，把冰箱冷藏室内的食物拿出来
步骤二	拆下冰箱内附件，用清水或洗洁精清洗干净并擦干水分
步骤三	软布蘸上清水或食具洗洁精，轻轻擦拭内壁，然后用拧得很干的软布进行二次清洁
步骤四	清洁冰箱的"开关""照明灯"和"温控器"等设施时，请把抹布或海绵拧得干一些

步骤五	内壁做完清洁后，可用软布蘸取甘油擦一遍冰箱内壁，下次擦的时候会更容易
步骤六	用酒精浸过的布清洁擦拭密封条。如果手边没有酒精，用 1：1 醋水擦拭密封条，消毒效果很好
步骤七	用吸尘器或软毛刷清理冰箱背面的通风栅，不要用湿布，以免生锈
步骤八	清洁冰箱外壳最好每天进行，用微湿柔软的布每天擦拭冰箱的外壳和拉手
步骤九	清洁完毕，插上电源，检查温度控制器是否设定在正确位置

图6-18　清洁冰箱的操作步骤

 专家提示 ▶▶▶

　　存放食物不宜过满、过紧，要留有空隙，以利于冷空气对流，减轻制冷系统的负荷，延长冰箱使用寿命，节省电量。

技能02 清洁电饭煲的操作步骤

　　家政服务员在清洁电饭煲时，可按图6-19所示的操作步骤进行。

步骤一	拔下电饭煲的插头
步骤二	拆卸位于机身上盖顶部的蒸汽阀
步骤三	拆下后打开，可以直接用水清洗干净
步骤四	拆卸电饭煲内部的盖板。两手同时按住按钮，轻轻向下一取就可以拆下来
步骤五	将拆下来的配件直接用清水清洗好后装回去
步骤六	若有污物堆积在控制部位的某一处，可用硬毛刷清除干净后，再用无水酒精擦洗
步骤七	电饭锅外壳上的一般性污渍，可先用洗洁精或洗衣粉的水溶液擦拭，再用洗干净的抹布进行二次清洁即可

图6-19　清洁电饭煲的操作步骤

专家提示 ▶▶▶

① 家政服务员在使用电饭煲之前，一定要用干布把内锅擦干，切忌用金属刷或其他粗硬的洗具擦内锅，这样会损坏内锅的不粘效果。如果是铝质内锅，可用热水浸泡后再刷洗。内锅受碱或酸的作用会被腐蚀而产生黑斑，可用去污粉擦净或用醋浸泡过夜后除净。

② 使用电饭煲时，应将蒸煮的食物先放入锅内，盖上盖，再插上电源插头。取出食物之前应先将电源插头拔下，以确保安全。

技能03 清洁微波炉的操作步骤

家政服务员在清洁微波炉时，可按图6-20所示的操作步骤进行。

步骤一	拔下电源插头
步骤二	拿出里面配件
步骤三	浸入放入清洁剂的水中浸泡10分钟后，刷洗干净
步骤四	用清水冲洗干净，擦干水分
步骤五	用干布擦干水分即可
步骤六	用微波炉专用容器装好水，以静止不回转的方式，加热几分钟，先让蒸发的水分湿润一下炉内的污渍，然后拿出水
步骤七	炉内的污垢用湿纸擦掉
步骤八	将清洁剂滴在抹布上
步骤九	将微波炉由内部到外部完全擦拭干净
步骤十	用洗干净的抹布进行二次清洁，至少擦拭两次
步骤十一	用干净抹布擦干水分
步骤十二	放入配件即可

图6-20　清洁微波炉的操作步骤

专家提示 ▶▶▶

　　家政服务员在清洁时一定要用温水多擦几次微波炉，不要让清洁剂残留在炉内，否则以后加热食物时，残留的清洁剂会附着在食物上。

技能04 清洁波轮式洗衣机的操作步骤

　　家政服务员在清洁波轮式洗衣机时，可按图6-21所示的操作步骤进行。

步骤一	拔下电源插头
步骤二	取下洗衣机罩
步骤三	用湿布从上到下地擦拭洗衣机外部各处
步骤四	插上电源
步骤五	将洗衣机排水管放在一个空水桶上，注意不要太高，以防阻碍洗衣机排水
步骤六	将洗衣机注入一定的水（注意，空转洗衣机对洗衣机使用寿命并不好，因此最好加入一定量的清水，加入的清水大概为2升）
步骤七	将洗涤剂注入洗涤剂添加盒，设置最长的洗涤程序。时间根据洗衣机的污迹来确定
步骤八	打开洗衣机，等待除垢液从排水管排到桶里后，再将排出的除垢液从洗涤剂添加盒加入，如此反复多次，直至程序运行完毕
步骤九	取出过滤网
步骤十	清洗过滤网
步骤十一	装回过滤网
步骤十二	套上洗衣罩

图6-21　清洁波轮式洗衣机的操作步骤

专家提示 ▶▶▶

　　家政服务员在用洗衣机洗衣服的时候，最好把衣服分类和分色，这样衣服不容易互相污染，还有就是放进洗衣机的衣服不能超过该洗衣机的规定容量，以免损坏洗衣机。

技能05 清洁滚筒式洗衣机的操作步骤

　　家政服务员在清洁滚筒式洗衣机时，可按图6-22所示的操作步骤进行。

步骤一	拔下电源插头
步骤二	取下洗衣机罩
步骤三	用湿布从上到下地擦拭洗衣机外部各处
步骤四	插上电源
步骤五	将除垢剂倒入一个容器内，按除垢剂与水1∶2的比例配置，并充分搅拌均匀
步骤六	将洗衣机排水管拿下，放在一个空桶上，关闭进水阀和舱门
步骤七	打开"洗涤剂添加盒"，把调好的除垢溶液从洗涤剂添加盒中倒入，注意不要溅到眼睛和皮肤上
步骤八	按下洗衣机电源开关，将程序控制器拨到"洗衣程序"。这时除垢剂会从排水管流入已准备好的桶内，等桶内的除垢液基本放完后，再将桶内除垢液从洗涤剂添加盒中倒入。如此反复几次，直至程序运行完毕，再打开过滤器清洗过滤网
步骤九	打开进水阀，将排水管恢复至原位，重新选择洗衣程序，使洗衣桶再次运转，用清水对洗衣桶进行冲洗，待程序运行完毕后，再次清洗过滤网。至此，洗衣机内筒的污垢可基本除掉

图6-22　清洁滚筒式洗衣机的操作步骤

技能06 清洁电风扇的操作步骤

家政服务员在清洁电风扇时，可按图6-23所示的操作步骤进行。

步骤一	切断电风扇电源，让电风扇"休息"一下，避免风扇头发热而伤到手
步骤二	使用螺钉旋具打开落地扇风叶护栏上面那一圈圈中的固定螺钉，把取下来的螺钉放在小器皿中防止丢失
步骤三	取出最外面的风叶罩，并把风叶罩和固定风叶罩的圈圈放入有清洁剂的盆里清洗
步骤四	旋转固定风叶的部件，拆卸时沿着顺时针方向旋转，如果旋转不动可反方向试一下，把拆卸下来的部件也放入有清洁剂的盆里清洗
步骤五	拆卸风叶。风叶一般可以直接拉出来，慢慢将风叶向外拉出，这样就能够把风叶拆卸下来，也同样放入清洁盆
步骤六	继续拆卸固定后面风叶的部件，这个部件通常是逆时针旋转，可拆卸下来。同时取出后面的风叶护栏，这样就把落地扇需要清洁的主要部件基本拆卸完毕
步骤七	把清洁盆中的各种落地扇部件，使用抹布逐一清洗干净。把清洗干净的各类部件，放在通风处干燥晾晒
步骤八	使用清洁抹布，对风扇的其他部位清洗，如落地扇底座、支干以及头，注意抹布的水不能太多，以防有水进入风扇内部导致短路
步骤九	清洗完成，待风扇干燥后，逐一按照拆卸的倒序装上去即可

图6-23 清洁电风扇的操作步骤

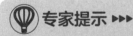 专家提示 ▶▶▶

　　家政服务员在清洗风扇的时候一定要先拔掉插头，还要记得拆下的顺序，否则就装不回去了。

技能07 清洁电热水器的操作步骤

家政服务员在清洁电热水器时，可按图6-24所示的操作步骤进行。

步骤一	打开进水口
步骤二	将电热能除垢剂与水按 1∶10（体积比）的比例混合，配成清洗液加入到存水箱。对于顽固水垢可直接倒入原液，浸泡 5～15 分钟，可轻松瓦解水垢
步骤三	让其自动热循环 20～30 分钟，从排水口直接排干清洗液
步骤四	打开进水口，加满水后再循环 2 分钟
步骤五	排干水后即可正常使用

图 6-24　清洁电热水器的操作步骤

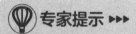专家提示 ▸▸▸

家政服务员在清洁电热水器时千万不要自行拆换热水器上的零件。

技能 08　清洁燃气热水器的操作步骤

家政服务员在清洁燃气热水器时，可以图 6-25 所示的操作步骤进行。

步骤一	先切断电源
步骤二	关闭进水阀
步骤三	打开排水阀和出水阀（龙头），排干净热水器里的水和沉淀物
步骤四	用自来水冲洗热水器管腔；清洗完毕后，再将排水阀和出水阀复位即可
步骤五	用干净抹布擦净热水器外部即可

图 6-25　清洁燃气热水器的操作步骤

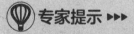专家提示 ▸▸▸

家政服务员对燃气具结构不懂时，不要贸然进行清洁保养，可请教雇主或由雇主请专人来清洁。

技能09 清洁吸尘器的操作步骤

家政服务员在清洁吸尘器时，可按图6-26所示的操作步骤进行。

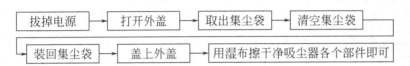

拔掉电源 → 打开外盖 → 取出集尘袋 → 清空集尘袋

装回集尘袋 → 盖上外盖 → 用湿布擦干净吸尘器各个部件即可

图6-26　清洁吸尘器的操作步骤

专家提示 ▶▶▶

家政服务员在清洁吸尘器时一定要将集尘袋安装到位。

技能10 清洁电视机的操作步骤

家政服务员在清洁电视机时，可按图6-27所示的操作步骤进行。

步骤一	先把电源插头拔掉
步骤二	在清水中加入少量柔顺剂，柔顺剂与水的比例大约为 1∶500，搅匀后把毛巾放入柔顺剂水溶液中浸泡3分钟
步骤三	把毛巾拧干，铺盖在电视机的散热口上。特别要注意的是，电视机所有的散热口都要用毛巾盖上
步骤四	掀起毛巾的一角，用电吹风往电视机里吹风，然后再从另一个散热口往里吹。由于柔顺剂里有带正电荷的阳离子，而灰尘中含有带负电荷的阴离子，因此，电视机里面的灰尘被吹起来以后，就会被吸附到挡在散热口的湿毛巾上，除尘的目的也就达到了
步骤五	屏幕用液晶专用擦拭布喷加适量无离子水，使擦拭布略具潮湿感，然后再去擦拭，就可以既让污渍无踪迹也不会擦伤您的液晶屏幕。因为专用的液晶擦拭布采用的是特殊纤维，具有比一般高档眼镜布好得多的擦拭效果，柔软不会擦伤屏幕，同时还具有消散静电的独特功能
步骤六	收拾好清洁用具

图6-27　清洁电视机的操作步骤

技能 11 清洁电熨斗的操作步骤

家政服务员在清洁电熨斗时，可按图6-28所示的操作步骤进行。

步骤一	蒸汽旋钮转至干熨位置，温度旋钮转至低温，拔出插头
步骤二	将水箱中剩余的水倒出
步骤三	冷却之后，必须再将温度旋转至蒸汽区的位置，插上插头干燥 5 分钟
步骤四	拔下插头，等熨斗冷却后再行清理
步骤五	用柔软的布擦拭
步骤六	要用牙签剔除蒸汽喷孔的水垢

图6-28　清洁电熨斗的操作步骤

Domestic Helper

第七章
衣物洗涤技能

第一节　洗涤衣物

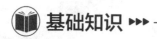

知识01　洗涤步骤和质量标准

1.洗涤步骤

洗涤衣服的基本步骤如图7-1所示。

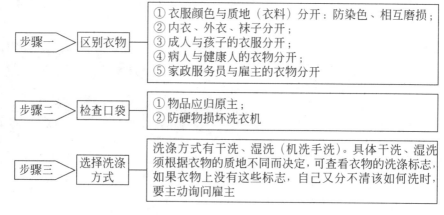

步骤一 → 区别衣物
① 衣服颜色与质地（衣料）分开：防染色、相互磨损；
② 内衣、外衣、袜子分开；
③ 成人与孩子的衣服分开；
④ 病人与健康人的衣物分开；
⑤ 家政服务员与雇主的衣物分开

步骤二 → 检查口袋
① 物品应归原主；
② 防硬物损坏洗衣机

步骤三 → 选择洗涤方式
洗涤方式有干洗、湿洗（机洗手洗）。具体干洗、湿洗须根据衣物的质地不同而决定，可查看衣物的洗涤标志，如果衣物上没有这些标志，自己又分不清该如何洗时，要主动询问雇主

图7-1　洗涤衣服的基本步骤

2.洗涤质量标准

根据衣服的面料选择正确的洗涤方式，尽量维持衣物原有形状、质感、颜色等。

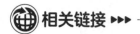

衣服面料鉴别方法

1.感官鉴别法

（1）棉　纤维较短，弹力较差，手感柔软，无光泽。

（2）羊毛　纤维较长，弹性较好，手感温暖，纤维成卷曲状。

（3）蚕丝　纤维细长，弹性小于羊毛，手感细腻，柔软，凉爽，有光泽。

（4）人造纤维　手感较软，弹性较低，强度较差，手握紧后有皱褶。

2.燃烧鉴别法

（1）棉　易燃、延燃很快，产生黄色火焰，有烧纸气味，灰烬细软，呈深灰色。

（2）麻　燃烧快，产生黄色火焰，冒蓝烟，有烧枯草和纸气味，灰烬呈灰色或白色。

（3）羊毛　遇火先蜷缩后冒烟，产生枯黄色火焰，离开火焰即灭，有烧头发气味，灰烬呈黑色块状，手捏即碎成粉末。

（4）蚕丝　燃烧时速度缓慢，先蜷缩成团，离开火焰即灭，有烧头发气味，不及羊毛味重。灰烬呈黑色小球，手捏即碎。

（5）人造纤维　锦纶、涤纶、腈纶等种类。锦纶近火即燃，呈珠状。涤纶近火即熔缩无烟，呈硬圆状。腈纶近火即燃，不规则或呈珠状。

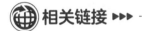 **相关链接** ▶▶▶

衣物洗涤的标志

只能手工洗 不能用洗衣机洗	不可漂白
不能用水洗	可以干洗
40℃ 可以水洗 水温不能超过40℃	不能干洗
洗涤时不能用搓衣板	Ⓐ 任何干洗剂干洗
洗涤时不能使用沸水	不可干洗，不可晒太阳
不可熨烫	平摊晾干
弱 可以用机洗，但须用弱档洗 水温不超过40℃	Ⓟ 常规干洗

知识02 不同衣物的洗涤方法

1.棉纺织品

棉纺织品的特点是：纤维较短、弹性较差、易变形、起褶、耐高温、无光泽、褪色、手感柔软。洗涤要求为：

① 按颜色分类：白——浅——深；

② 可用肥皂或合成洗涤剂（粉）；

③ 高档白色棉织物漂白时应用双氧水；

④ 浸泡不超过15分钟；

⑤ 洗涤温度要适宜，白色棉织品、床单、被单可在高温下清洗（不超过40℃）。

2.毛料衣服

一般羊毛纤维具有缩溶性、可塑性。其洗涤要求为：

① 洗涤水温不能过高（30～40℃），过高会出现褶痕且不易烫平。

② 适宜的洗涤剂。一定要用弱碱性或中性洗涤剂，不能直接用肥皂或洗衣粉，否则会导致毛纤维相互咬在一起，使织物缩水变形（如织物组织松散的羊毛衫、围巾等出现无法穿着）。

③ 要用手工洗涤。若需机洗，则水温30～40℃，时间2～3分钟即可。高档毛料须手工刷洗，用力适当，充分漂洗干净，再用醋酸水处理，使纤维光泽鲜亮。

④ 晾晒要放在通风阴凉处，晾反面，不宜在强光下暴晒。

3.丝绸、亚麻衣物面料

丝绸、亚麻衣物面料的洗涤要求见表7-1。

表7-1 丝绸、亚麻衣物面料的洗涤要求

序号	类别	衣物特点	洗涤要求
1	丝织品	丝织品种类很多，有绫、罗、绢、纱、纺、绉、绸、缎、绒、涤、锦等。其特点是：质地稀薄，表面光滑，具有光泽。用酸性染料，牢度差，易掉色	① 水温不能高，最好用凉水洗涤； ②用中性优质洗涤剂； ③ 用手工洗涤，轻轻揉搓，重点部位平铺后按布料纹路轻刷

续表

序号	类别	衣物特点	洗涤要求
2	亚麻织物	亚麻织物的特点：亚麻纤维比棉纤维粗，凉爽、吸汗，且下水后强度反而增加	① 用优质皂或洗涤剂洗； ② 水温在40℃以内； ③ 用手工洗，轻柔或轻刷； ④ 漂洗时不要绞拧，否则易起毛使纤维滑移，影响外观和耐穿程度

4.化纤面料

化纤面料衣物的洗涤要求见表7-2。

表7-2　化纤面料衣物的洗涤要求

序号	类别	衣物特点	洗涤要求
1	纯涤纶	弹性、抗皱能力很好，表面光滑，易洗涤，污垢不易渗到纤维内部	① 选用一般洗衣剂即可； ② 水温40℃左右； ③ 机洗（10～15分钟）、手工、刷洗都可以
2	人造棉、人造丝、人造毛服装	此类衣服下水后强度下降较大，悬垂性大，易变形、皱褶、褪色	① 不宜机洗，人造棉/丝可用手工轻轻搓洗；人造毛服装只能刷洗； ② 可选用一般洗涤剂； ③ 水温30～40℃为宜，用温水漂洗两次，冷水漂洗干净； ④ 漂洗时用力要轻、均匀； ⑤ 甩干后晾在通风阴凉处，必要时用丝网兜起晾晒
3	白的确良	由涤纶和棉混纺织成，强度比纯棉要高好几倍	① 水温40℃左右（白、浅色的可以高一些，为40～50℃）； ② 一般洗涤剂； ③ 机洗、手洗、刷洗均可
4	毛涤、腈纶	下水后不变形，吸湿性能差	① 洗涤时间可长些； ② 用优质洗涤剂； ③ 水温30～40℃； ④ 先机洗3～5分钟，再刷洗，较脏处可蘸肥皂水刷洗； ⑤ 毛涤服装可搓洗，水温40℃为宜，洗涤注意事项同亚麻衣服； ⑥ 毛涤服装漂洗后要过一次醋酸水，甩干抻平，在通风阴凉处晾干，不能强光暴晒

5.羽绒服装

羽绒服装的面料一般是尼龙或涤棉，填料以鸭绒为主，尽量少洗。洗涤禁忌：忌机洗或揉搓、忌用力拧绞，其洗涤方法见表7-3。

表7-3　羽绒服装的洗涤方法

序号	类别	洗涤方法
1	不太脏时	不太脏时可用干洗剂清洗脏处，如领口、袖口等，油污去除后，再用干洗剂重擦拭，待干洗剂挥发干净即可
2	比较脏时	① 比较脏时，只好采用水洗方法，放入冷水中浸泡15分钟左右。 ② 中性洗衣剂，水温30℃左右。 ③ 将浸泡好的羽绒服取出，平压去水分，不可拧绞，放入兑好的洗涤剂中，再浸泡10分钟左右。 ④ 将衣服取出后平铺，用软毛刷蘸洗涤液轻轻刷洗，先刷洗里面后刷洗外表，最后刷袖子的正反面。用30℃温水漂洗两次，再放入清水漂洗干净，忌揉搓，防羽绒堆积。 ⑤ 轻轻挤压出水分，放在不太强烈的阳光下晾晒或通风干燥处晾干也可，多加翻动，使其干透，用光滑小木棒轻拍衣服反面，即可使其恢复松软

6.皮革类服装

① 一般不宜水洗；

② 干洗时可先用软布或刷蘸水后把皮革表面污垢擦去，晾干后再涂上一层石蜡或专用干洗剂，并用软布擦匀；

③ 既要防止干燥，又要防受潮；

④ 将甲醛加水涂在皮革表面，能减轻色泽脱落。

7.刺绣类衣服

① 此类绣花线易褪色，先检查是否掉色；

② 适宜手洗；

③ 水温35℃左右，最好加10克盐、5克醋；

④ 普通洗涤剂即可。

8.领带

一般由高级丝绸锦缎和薄型花呢等制成，采用斜料，内有夹里。洗涤方法错误，会导致领带缩水、褪色、变形。

① 只能干洗；

② 领带平铺后，再将洗衣专用的轻质汽油倒在器皿内，然后用软毛刷或洁白的干毛巾蘸汽油顺纹路涂刷，较脏时多刷几遍；

③ 如领带很脏，可整个浸泡在汽油里，用手轻轻揉搓脏处；

④ 挂起，待汽油全部挥发再用洁白的湿毛巾擦几遍，并熨烫平整即可。

9.牛仔裤

牛仔裤加洗衣剂浸泡20分钟左右，用刷子刷洗，切勿机洗。

知识03 清除衣物污渍

清除衣物污渍应由外向内，防止污迹扩大。

1.清除霉点、霉斑

对不同面料上的霉点、霉斑，其处理方法见表7-4。

表7-4 不同面料上的霉点、霉斑的处理方法

序号	类别	处理方法
1	呢绒织物	在阴凉通风处晾干，再用棉花或海绵蘸轻质汽油在霉迹处，反复擦拭
2	化纤织物	① 轻者可用酒精、干洗剂或5%的氨水擦拭。 ② 陈旧霉点，先涂上氨水再用高锰酸钾溶液处理并水洗；也可用溶解肥皂的酒精擦洗，再用5%的小苏打水或9%的双氧水擦洗，最后用清水洗净
3	棉织品	在阳光下晾晒干后用刷子刷去，也可用冬瓜、绿豆芽擦除。白色棉织品可放在10%的漂白粉溶液中浸泡1小时即可清除
4	丝绸品	轻者用软刷刷去较脏处，平铺后在霉点上喷洒稀氨水或干洗剂干洗也可；白色丝绸织物宜用50%的酒精擦洗

2.清除汗渍、血渍、呕吐物、尿渍

（1）汗渍 汗液中所含蛋白质凝固和氧化变黄而形成汗渍，忌用热水洗，防止蛋白质进一步凝固。不同的汗渍处理方法也不一样，见表7-5。

表7-5　不同汗渍的处理方法

序号	类别	清除方法
1	新汗渍	可用5%～10%的盐水浸泡10分钟，再擦肥皂洗涤即可
2	陈旧汗渍	氨水：食盐：水按10：1：100的比例调成混合液，将衣物浸泡搓洗，然后用清水漂净
3	白色织物陈旧汗渍	可用5%的大苏打溶液去除
4	毛绒衣物汗渍	可用柠檬酸液擦拭

（2）血渍　新鲜血渍即可用冷水、高级洗衣剂或肥皂洗涤；陈旧血渍可用10%的氨水将污渍润湿，擦拭，再用冷水洗涤，如还不干净可用10%的草酸溶液洗涤。

（3）呕吐物　10%的氨水将污渍润湿，擦拭即能除去，如还有痕迹，可用酒精肥皂液擦拭。

（4）尿渍　所含成分与汗液相似，故也可用食盐液浸泡的方法进行。白色织物上的尿渍，可用10%的柠檬酸液润湿，1小时后用水洗涤；有色织物上的尿渍，用15%～20%的醋酸溶液润湿，1小时后再用水清洗干净。

3.清洗墨水和圆珠笔油

此类污渍可用2%的高锰酸钾溶液擦拭。

4.清洗酱油、茶渍、铁锈渍

对不同面料上的酱油、茶渍、铁锈渍，其处理方法见表7-6。

表7-6　不同面料上的酱油、茶渍、铁锈渍的处理方法

序号	类别	处理方法
1	酱油渍	刚沾上时可先用冷水洗净后再用洗涤剂洗；陈旧酱油渍可用5：1的洗涤剂溶液加氨水浸洗，也可用2%的硼砂溶液洗涤。但注意，毛织品与丝织品不能用氨水洗涤，应用10%的柠檬酸液擦拭或者用白萝卜汁、白糖水、酒精洗刷，最后用清水将衣物漂洗干净
2	茶渍	刚沾上的茶渍，可用70～80℃的热水搓洗，陈旧茶渍可用浓食盐水浸洗或者用1：10的氨水与甘油的混合液搓洗
3	铁锈渍	①可用50～60℃ 2%的草酸溶液浸泡清除，然后用清水漂净；也可用15%的醋酸擦拭。 ②铁锈陈渍，可用1：1：20的草酸与柠檬酸的混合水溶液将锈渍处浸湿，然后浸于浓盐水中，1天后用水洗净

📖 知识04 晾晒衣物

1.丝绸服装

① 洗好后要放在阴凉通风处自然晾干，并且最好反面朝外；

② 切忌用火烘烤丝绸服装。

2.纯棉、棉麻类服装

这类服装一般都可放在阳光下直接摊晒，不过，为了避免褪色，最好反面朝外。

3.化纤类衣服

化纤衣服洗毕，不宜在日光下暴晒，应放在阴凉处晾干。

4.毛料服装

洗后也要放在阴凉通风处，使其自然晾干，并且要反面朝外。

5.羊毛衫、毛衣等针织衣物

为了防止该类衣服变形，可在洗涤后把它们装入网兜，挂在通风处晾干。或者在晾干时用两个衣架悬挂，以避免因悬挂过重而变形。也可以用竹竿或塑料管串起来晾晒，有条件的话，可以平铺在其他物件上晾晒。总之，要避免暴晒或烘烤。

🌐 相关链接 ▶▶▶

衣物晾晒的标签

悬挂晾干	平摊干燥	阴干	可以拧干
滴干	衣服需挂干	衣服需阴干	不可以拧干

📖 知识05 : 服装的熨烫

1.常见纤维衣物的熨烫方法与要求

常见纤维衣物的熨烫方法与要求见表7-7。

表7-7　常见纤维衣物的熨烫方法与要求

序号	衣物面料类别	熨烫方法与要求
1	棉麻衣物	蒸汽熨斗可直接放在衣物上熨烫，普通型熨斗可在半干状态下熨烫或在干燥衣物上喷水熨烫
2	毛织品	为防止毛织品产生光亮现象，熨烫时应掌握好温度，并在上面盖上一块薄的白色湿棉布。此种衣物具有弹性，故要顺着衣纹去熨烫，以防止变形
3	丝绸衣物	此类晾至八成干时熨烫效果最好，应在反面熨烫，不要喷洒水，以免变形或出现水渍
4	化纤衣物	此类在高温下易变形发光，因此要喷水垫上湿布熨烫，熨斗不宜在某部位停留过久，防止黏着衣物，维纶衣物不必喷水也不必垫湿布

2.衣物熨黄时的处理方法

有时候会将衣物熨黄，这时不要着急，可按表7-8所示方法来处理。

表7-8　衣物熨黄时的处理方法

序号	不同面料的衣物	处理方法
1	棉织物	熨黄时马上在熨黄部分撒些细盐，然后用手轻轻揉搓，再放在太阳下晾晒片刻，用清水洗净晾干即可
2	呢料	先用软毛刷刷去焦黄部分，若呢料失去绒毛而露出底纱，可用缝衣针轻挑无绒毛处，直至挑起新的绒毛，然后垫上湿布，用熨斗顺着原织物绒毛的倒向熨烫数遍即可
3	丝绸	熨黄时可用少许苏打粉掺水调成糊状，涂抹在焦痕处，待水蒸发后，再垫上湿布熨烫即可
4	化纤衣料	熨黄后要马上垫湿毛巾再熨烫一下，轻者可恢复原状

📖 知识06 熨烫的要求

① 先查看衣物标志牌或通过经验判断，选择合适的熨烫方式。

② 熨斗使用前看说明或请教雇主。

③ 不要在手上有水时去插拔电熨斗插座，应在切断电源时给蒸汽熨斗的水箱加水，且用水为蒸馏水或白开水，因自来水易结垢堵住喷气孔。在使用过程中，人勿离开，以防引起火灾。

④ 使用间隙中，电熨斗应竖放置或放在金属架上，不要放在铁、砖块上，以防划伤熨斗底板的电镀层。使用完后，及时将电熨斗底板擦干净。

⑤ 调温型和蒸汽喷雾型电熨斗用完后，要将调温旋钮转到"冷"或"关"的位置，水箱中的水应排干。

🔍 操作技能 ▶▶▶ ------------------------------------

🔍 技能01 洗衣机洗衣的操作步骤

家政服务员在用洗衣机洗衣时，可按图7-2所示的操作步骤进行。

步骤一	首先准备好脏衣物、洗衣粉（洗涤剂）
步骤二	将脏衣物放入洗衣机内；有脏印迹的衣物要先用肥皂和洗涤剂把印迹揉搓干净再放入洗衣机内
步骤三	检查洗衣机电源插头是否插好
步骤四	按下洗衣机上电源开关
步骤五	选择适当按键，如水位调节、程序选择、甩干时间选择等，衣服较脏可浸泡10分钟左右
步骤六	加入适当洗衣粉（洗涤剂）
步骤七	盖上洗衣机盖子，按下启动键，开始洗衣服

图7-2 洗衣机洗衣的操作步骤

① 不能一次洗太多衣物，不得超过洗衣机的规定量；

② 洗衣前请确认衣服是否适合机洗，请将适合机洗的衣物口袋中硬币、钥匙等金属物品取出；

③ 根据衣服量调整水位；

④ 油渍较多和灰尘较多的衣物，最好先手洗1遍，再用洗衣机洗，才会洗得干净；

⑤ 脱水过程中最好不要强行暂停，否则内桶可能会因为"急刹车"而摇摆，从而碰撞外壳以致损坏洗衣机；

⑥ 每次洗涤结束后，断开电源。

技能02 手洗衣服的操作步骤

家政服务员在用手洗衣服时，可按图7-3所示的操作步骤进行。

步骤一	将衣服浸泡在自来水中
步骤二	用肥皂先抹衣领，再抹袖口，最后抹胸前和后背
步骤三	15分钟之后再来洗
步骤四	用刷子刷衣服各处
步骤五	直至认为干净后，用清水冲洗干净即可

图7-3 手洗衣服的操作步骤

技能03 熨衬衫的操作步骤

家政服务员在熨衬衫时，可按图7-4所示的操作步骤进行。

技能04 熨西裤的操作步骤

家政服务员在熨西裤时，可按图7-5所示的操作步骤进行。

步骤一 ＞ 熨衣领。先熨领后，再熨领前，然后将领子一字铺开（或将两边领子分开入板）熨好

步骤二 ＞ 熨衣服的袖口部分，先里面后外面，然后熨后袖、前袖，熨好一只袖再熨另一只袖

步骤三 ＞ 先熨纽扣及纽扣的内面，然后顺一个方向将前后幅熨好。把衣服反过来下面放一块比较厚的毛巾，来回熨平，这样就省去一个一个熨扣子之间的空隙

步骤四 ＞ 折叠时，先把领翻好，扣好颈喉纽，然后隔粒扣好

步骤五 ＞ 将衬衫反转，铺在熨板上，将两边衫身折上，再将两只袖折上

步骤六 ＞ 如衫身太长，可先将衫脚覆上约6厘米，然后再覆上折好

图7-4　熨衬衫的操作步骤

步骤一 ＞ 将西裤反转，底幅在外，裤头套入熨板内，先熨好拉链部分，然后再熨裤头、裤袋

步骤二 ＞ 将西裤两侧叠好，放在熨板上，熨好裤脚及开好裤骨

步骤三 ＞ 再将西裤反转熨裤面，裤头套入熨板内，先熨好拉链部分，然后顺一方向熨，熨到袋位时，要将袋底布掀起，避免熨出袋印

步骤四 ＞ 将西裤两侧叠好，对齐车骨，熨好内、外侧裤脚。前裤骨要连前折，后裤骨熨到裆位

步骤五 ＞ 熨好后，将西裤按三节折好

图7-5　熨西裤的操作步骤

技能05 熨西装外套的操作步骤

家政服务员在熨西装外套时，可按图7-6所示的操作步骤进行。

步骤一	将西装外套反转，先熨底幅两袖里布，逐只完成，然后顺一个方向熨好衣身里布
步骤二	再将西装外套翻转，面幅铺在熨板上，先熨领后，再熨领前，利用熨板圆位或熨垫熨好肩膊位及袖位
步骤三	顺一个方向将前后幅熨好，熨至袋位部分应拉出袋布先熨
步骤四	完成后再检查未妥善之处

图7-6　熨西装外套的操作步骤

第二节　衣物摆放

📖 基础知识 ▸▸▸ -

知识01 防虫剂的使用方法

购买防虫剂时，须检查其外包装有没有生产许可证、卫生防疫部门检验合格证，如果没有，则不能购买。防虫剂的使用方法为：

① 防虫剂不可拆开其外层透气纸；

② 使用时放在衣服四周或角落；

③ 为了避免防虫剂的味道挥发得过快，可以在其外层包一层纸；

④ 不可让其直接接触衣物。

知识02 服装保管的基本方法

① 服装一定要洗干净、晾干后再收藏；

② 长时间收藏的服装要放在通风干燥处；

③ 晾晒干的衣服回凉后再收藏，不宜在其具有较高温度时收藏；

④ 内衣、内裤分开存放，不同质地、不同季节的服装进行分类存放；

⑤ 服装不可越季放，要经常通风晾晒，以防污染、虫蛀、受潮、

发霉；

⑥ 存放服装的柜（箱）中，应放防虫剂、樟脑丸，以防止服装被虫蛀。

知识03 收存丝绸衣物的要求

① 首先要清洗干净，在通风处晾干，最好熨烫一遍；

② 收存在衣箱内，衣箱要保持清洁干燥；

③ 这类衣物怕压，可放在其他衣物上层或用衣架在衣柜内挂起，最好适当放些防虫药剂（用白纸包好）。

知识04 收存棉质衣物的要求

① 收存前必须拆洗干净，充分干燥后，折叠整齐，放入严密的衣箱或衣柜内；

② 如有羊绒或丝棉的棉质衣物，收存时每件放5粒左右卫生球；

③ 如果居室是平房或楼房底层，衣柜应离开地面15～30厘米；

④ 收存期间每隔1～2个月应检查一次，发现受潮及时晾晒。

知识05 收存羽绒制品的要求

① 收存羽绒服前必须洗净、晾晒干燥，回凉至室温后折叠整齐放入衣箱或衣柜内；

② 在衣物内放入3～5粒用白纸包好的卫生球。

知识06 收存毛皮制品的要求

① 先在通风、凉爽的地方将衣服晾干，然后用光滑的棍儿敲打皮面，以除去灰尘；

② 再将皮面放平，把毛理顺，折叠好，用布包好后装入塑料袋内；

③ 包装时在毛面处放10粒左右用白纸包好的卫生球，最后装入严密的衣箱内或衣柜内。

知识07 收存床上用品的要求

① 用过的被褥必须拆洗干净、晾晒干燥，回凉至室温，折叠平整，然后装入严密的箱或柜内；

② 干净的被褥要选择晴朗天气，晾晒回凉后存放入衣箱内；

③ 羽绒被褥收存时，除洗涤干燥外，每床放入用白纸包裹的卫生球5～10粒。

操作技能 ▶▶▶

技能01 折T恤衫的操作步骤

家政服务员在折T恤衫时，可按图7-7所示的操作步骤进行。

步骤一	把衣服摆放整齐（T恤衫类）
步骤二	分别找到衣服的肩位，以及衣领的2厘米处，一手捏着左边衣领口，另一手抓着衣身从上往下的"中间处"，另从左往右的"1/3处"（手形往里折样式）
步骤三	抓着衣领处的那只手，同时也去抓同衣服领同一水平线上的下方衣角处，另一只手不动
步骤四	把衣服提起来，另一边的也折起来，再平放着
步骤五	再用手在衣服上面抹平一下，这样，一件衣服就折叠好了

图7-7 折T恤衫的操作步骤

技能02 折毛衣的操作步骤

家政服务员在折毛衣时，可按图7-8所示的操作步骤进行。

将毛衣平摊开来 → 两只袖子依次放胸前 → 将毛衣对折即可

图7-8 折毛衣的操作步骤

技能03 折牛仔裤的操作步骤

家政服务员在折牛仔裤时，可按图7-9所示的操作步骤进行。

图7-9 折牛仔裤的操作步骤

Domestic Helper

第八章
照顾孕产妇技能

第一节　照料孕妇

 基础知识 ▶▶▶ -

知识01 孕妇常见症状及护理

怀孕妇女在妊娠期身体各方面都发生了很大变化，也不同程度地出现了一些妊娠期特有的生理症状。这些症状虽然不是病症，但都或多或少地给孕妇带来生活的不便甚至身心痛苦。本节主要介绍几种孕妇常见生理症状及其预防、护理措施，指导家政服务员进行有效护理，从而帮助孕妇减缓妊娠期症状，并安全度过妊娠期。

1.恶心和呕吐

妊娠期妇女约有一半以上会不同程度地出现恶心、厌食症状，其中相当一部分人有呕吐经历，尤其是早晨起床时。这些现象一般在怀孕40天左右最为突出，至怀孕3个月左右消失，但也有少数孕妇恶心和呕吐现象会一直持续到分娩。其护理措施如下。

① 在孕妇起床前，家政服务员应把事先准备好的几片苏打饼干或面包片端给孕妇，让孕妇半坐床上，简单吃完后再起床洗漱。注意起床、穿衣等动作要缓慢。

② 适当调节孕妇的饮食，多为她做一些清淡食物，如水果、青菜等，少吃或不吃油炸等难以消化的食物，并避开特殊气味的食物。

③ 建议孕妇进食时避免同时喝液体食物，如水、饮料、豆浆、牛奶等，两餐之间可进食液体食物。

④ 有人认为脂肪有抑制胃酸分泌的作用，因此建议孕妇饭前可以吃些奶油等奶制品，有预防"烧心"的作用。

⑤ 与孕妇协商，制订孕期进餐计划。主要是建议孕妇少量、多样进餐，从而避免两餐之间时间太长而造成的空腹及一顿饭吃得太多而不消化所带来的胃部不适。可每天5 ～ 6餐，以正餐为主，饭后适当散步。

⑥ 指导孕妇做全身性的预防措施，如休息、放松、保持精神愉快、适当锻炼等。

⑦ 对于早孕反应较重的，一天吐数次，甚至一连数天滴水不进者，应及时提醒她到医院就诊和处理，以免发生脱水等危险。

2.腰背痛

在妊娠中期以后，约有一半以上的孕妇感到腰背疲劳、酸痛。护理措施如下。

① 与孕妇共同讨论腰背疼痛的原因及预防、缓解措施，使孕妇主动采取应对措施。

② 指导孕妇在日常生活中保持正确的姿势。

③ 建议孕妇有计划地锻炼，以增强背部肌肉强度，这也是预防腰痛的有效方法之一。例如骨盆摆动运动体操，每日3次，可以减少脊柱的弯曲度，避免过度疲倦，有利于缓解背痛。

④ 对严重者应卧床休息，适当劝其增加钙摄入量或做腰骶部热敷。

知识02 哪些食物是孕妇禁吃或应少吃的

作为一名家政服务员，在制作孕妇餐的时候，应该知晓对于孕妇来说哪些食物是禁吃或应少吃的，比如高脂肪食物；高糖饮食，使孕妇有患上糖尿病的风险；寒凉、辛辣等刺激性食物。具体来说有以下几类。

① 蔬菜类：生蒜、辣椒、胡椒、茴香、韭菜；

② 水果类：龙眼、山楂；

③ 腌制食物：榨菜、腊肉、腊肠、咸鱼、酸菜、豆腐乳；

④ 酒精饮品：白酒、啤酒、红酒、黄酒。

知识03 住院前的准备

孕妇阵痛开始有规律性，但也并非很快能将婴儿生出来，一般对于生头一胎的妇女而言，要12～15个小时；对于曾生产过的妇女而言，也要5～7个小时。所以，出现了分娩的征兆时，也不必惊慌失措。

1.打电话与医院联络

打电话与医院联络，通知将要住院，再将平日准备好的物品整理好，与孕妇一起往医院去。

2.准备住院物品

孕妇到医院待产需携带的物品见表8-1。

表8-1　准备住院需携带的物品

序号	物品	具体要求
1	现金	备好现金，随时可以办理入院手续
2	产妇用品	主要是洗漱用品，衣着、餐具，另外还有卫生用品，包括消毒的卫生纸、卫生巾、内衣、吸奶器等
3	婴儿用品	婴儿服、尿布、袜子、被单等
4	食物	红糖水炖鸡，母鸡、红枣或桂圆汤，豆浆、酸奶、鸡蛋汤面，还可以准备一些高能量食物，如巧克力等

操作技能 ▶▶▶ ------------------------------

技能01 照料孕妇洗澡

① 在为孕妇放洗澡水的时候，要注意其温度应在37℃以下，因为过高的温度会损害胎儿的中枢神经系统。

② 在照料孕妇进行热水浴时，每次洗澡时间应控制在20分钟以内。

③ 如果孕妇出现头昏、眼花、乏力、胸闷等症状，应立即停止洗浴，适当休息。

④ 应该采取立位。提醒孕妇采取立位洗澡，不要坐浴，避免热水浸没腹部。如果坐浴，水中的细菌、病毒极易随之进入阴道、子宫，导致阴道炎、输卵管炎等，或引起尿路感染，使孕妇出现畏寒、高热、腹痛等症状，这样势必增加孕期用药的机会，也容易留下畸胎或早产的隐患。

专家提示 ▶▶▶

家政服务员在照料孕妇洗澡时，在浴室里最重要的是不要让其滑倒。在浴缸里一定要垫上一块防滑垫，浴室的地板如果不是防滑的，也一定要垫上垫子才行。

技能02 陪孕妇徒步行走

① 散步前为孕妇选择舒适的鞋，以低跟、掌面宽松为好。

② 选择环境比较好的公园散步。如果没有条件在公园里散步，应选择交通状况不太紧张的街道，以避免孕妇过多吸入有污染的汽车尾气。

③ 提醒孕妇走路的姿势，身体要注意保持正直，双肩放松。

④ 观察孕妇是否疲劳。如果孕妇疲劳了，要建议其马上停下来，就近坐下歇息5～10分钟。

技能03 陪孕妇乘车

① 乘坐无轨电车、公共汽车和地铁，要为孕妇找个座位，因为急刹车会让其失去平衡和摔倒。

② 在火车上建议孕妇站起来在车厢里走动走动，便于血液循环。

③ 要等车完全停稳后才能下车。

④ 若坐小轿车，则要挑选最舒适的座位，背靠沙发座或者躺下；如果孕妇感到累了，就把车停下来揉揉腿脚。

> **专家提示** ▶▶▶
>
> 家政服务员在陪孕妇出行在外、上下楼梯时，要提醒其小心行走。

第二节　照料产妇

 **基础知识** ▶▶▶

知识01 顺产产妇的饮食安排要求

① 产后的1～2天。吃些容易消化、富含营养又不油腻的食物，如牛奶、豆浆、藕粉、大米或小米煮成的粥、面条或馄饨等。

② 产后的3～4天。不要喝太多的汤，以免乳房过度淤涨。泌乳后要多喝汤，如鸡汤、排骨汤、猪蹄汤、鲫鱼汤等，可促进乳汁分泌。提供丰富的蛋白质、脂肪、矿物质和维生素等，不能偏食，既要吃精米面，也要吃粗杂粮，更要多吃些新鲜蔬菜，以保证乳汁的质量。

③ 体力恢复、消化能力增强后。随着体力的恢复，消化能力也增强，可以逐渐增加含有丰富蛋白质、碳水化合物及适当脂肪的食物，如蛋、鸡、鱼、瘦肉、肉汤、排骨汤及豆制品等。还要注意补充维生素及矿物质，多吃些新鲜水果和蔬菜等。为防止便秘，也要吃些粗粮。在此，提供一份月子餐食谱，仅供读者参考。

月子餐食谱举例

1.第一周（产后1～7天）

早餐空腹：生化汤100毫升（一杯分3次喝）。

早餐：麻油猪肝、薏仁饭。

10点加餐：红豆汤。

午餐空腹：生化汤100毫升（一杯分3次喝）。

午餐：麻油猪肝、薏仁饭。

3点加餐：糯米粥。

晚餐空腹：生化汤100毫升（一杯分3次喝）。

晚餐：素炖品。

晚点：红豆汤。

禁忌食物：生冷食物、魔芋、白萝卜、咸菜、腌制白菜、梅干、味噌汤、茶、啤酒、醋、红花油、猪油、牛油。

2.第二周（8～14天）

早餐：麻油腰子、蔬菜、糯米粥、薏仁饭、杜仲粉5克。

10点加餐：红豆汤。

午餐：麻油腰子、蔬菜、薏仁饭、杜仲粉5克。

3点加餐：油饭。

晚餐：鱼汤、素炖品、杜仲粉5克。

晚点：红豆汤。

禁忌食物：生冷食物、魔芋、白萝卜、咸菜、腌制白菜、梅干、味噌汤、茶、啤酒、果汁。

3.第三～第四周（15～30天或40天）

早餐：麻油鸡、糯米粥、薏仁饭、水果一份。

10点加餐：红豆汤。

午餐：麻油鸡、蔬菜、水果一份。

3点加餐：花生猪蹄或素炖品。

晚餐：鱼汤或素炖品、蔬菜、薏仁饭。

晚点：油饭。

禁忌食物：生冷食物、魔芋、白萝卜、咸菜、腌制白菜、梅干、味噌汤。

知识02 剖宫产产妇的饮食安排要求

对剖宫产产妇的饮食护理，具体见表8-2。

表8-2　对剖宫产的产妇的饮食护理

序号	时间	饮食护理
1	剖宫产后	可先喝点萝卜汤，帮助因麻醉而停止蠕动的胃肠道保持正常运作功能
2	手术后第1天	以稀粥、米粉、藕粉、果汁、鱼汤、肉汤等流质食物为主，分6～8次食用
3	手术后第2天	可吃些稀、软、烂的半流质食物，如肉末、肝泥、鱼肉、蛋羹、烂面、烂饭等，每天吃4～5次，保证营养充分吸收
4	手术后第3天	可以吃普通饮食了。注意补充优质蛋白质、各种维生素和微量元素，可选用主食350～400克、牛奶250～500毫升、肉类150～200克、鸡蛋2～3个、蔬菜水果500～1000克、植物油30克左右，以有效保证乳母和婴儿的充足营养

知识03 产妇的饮食原则

对产妇的饮食安排，应该注意以下原则：

① 少食多餐，最好是一日安排5～6餐，每餐七八分饱；

② 荤素搭配；

③ 干稀搭配，注意补充水分；

④ 清淡适宜，食物要容易消化，少吃酸味食物；

⑤ 烹调方法应多采用炖、煮、熬，少用油炸、烙、煎；

⑥ 食物多样化。每餐最少5种；

⑦ 严禁暴饮暴食，防止营养过剩；

⑧ 忌食寒凉生冷的食物，如冰品、西瓜、柚子、梨、椰子、荸荠、胡瓜、丝瓜、冬瓜、苦瓜、白萝卜、茄子、茭白、海带等。

知识04 产妇所需的具体营养需求

产妇的饮食应注意营养的全面吸收，所需的具体营养可以参照表8-3来补充。

表8-3　产妇所需的具体营养需求

种类	吸收量	食物来源
蛋白质	应占总能量的13%～15%。每日补充90～100克	肉类、禽类、鱼类、豆类、蛋、奶
脂肪	应占总能量的20%～25%，每日补充60～90克	猪肉、牛肉、羊肉、禽类、鱼类，但不要过量吸收
碳水化合物	应占吸收总量的60%	主要从主食中吸收
钙	每日吸收量为1500～2000毫克	牛奶（最好）、肉类、蛋类、豆类、海产品、虾皮、部分蔬菜
铁	每日吸收量为25～28毫克	肉类、肝、动物血（最好）、部分蔬菜（菠菜、苋菜）
维生素A	每日吸收量为1287～1452微克。注意不要过量补充，否则会中毒	鱼类、鱼肝油、奶类、蛋类、蔬菜（胡萝卜、油菜、辣椒、菠菜）、水果（柑橘）
维生素D	每天吸收量为10微克。注意不要过量补充，否则会中毒	动物肝脏、牛奶、豆类、水果、鱼类、鱼肝油、部分蔬菜。经常晒太阳可以补充维生素D
维生素B_1	每天吸收量为1.6～2.1微克	谷类，特别是糙米、全麦、肉类、肝脏
维生素B_2	每天吸收量为1.6～2.1微克	动物性食物，尤其以肝脏中丰富，奶制品、蛋类、豆类、蔬菜

续表

种类	吸收量	食物来源
尼克酸	每天吸收量为16微克	肝脏、花生、全谷类、豆类、酵母
叶酸	每天吸收量为500毫克	动植物中都有，带叶的蔬菜，肉、鱼、谷类、豆类含量丰富
维生素C	每天吸收量为150毫克	蔬菜、水果，越新鲜越好
水	应根据产妇的身体情况适当补充水分	白开水最好，不要喝饮料，果汁、牛奶、汤水、粥都是不错的选择

知识05 发奶食物的制作

1.发奶食物的种类

鸡汤、骨头汤、鲫鱼汤、猪蹄汤、酒酿煮蛋、猪肺汤、红枣花生赤豆汤，乳汁分泌不足的产妇可轮换着吃。乳汁分泌已能满足婴儿需要的产妇，只要喝一般的汤水便可，乳汁太多的产妇就不必喝汤水。总之，发奶食物的吸收应视产妇乳汁分泌多少而定。

2.发奶食物的制作方法

① 猪蹄一只，通草2.4克，加水1500毫升一起煮，等水开后，再用小火煮1～2小时。每日服用两次，连用3～5天。

② 鲜鲫鱼500克，去鳞，除内脏，清炖，或加黄豆芽60克或通草6克，煮汤。每日服用两次，吃肉喝汤，连用3～5天。

③ 老母鸡一只，入锅炖熟，食肉喝汤。

④ 猪骨500克，通草6克，加水200毫升，炖12小时。

知识06 产妇坐月子的进补顺序

产妇生完孩子一般不会立即进食，首先要排气，只有排完气才能进食（这个医院一般都会告知的）。产妇生完孩子的第一个月要分三个阶段进行调节，按照"一清、二调、三补"的顺序进行，具体见表8-4。

表8-4 "一清、二调、三补"的顺序

阶段	类别	具体说明
第一个阶段	清	这个阶段以流食、软食、易消化的食物为主。主要是排除体内的脏物,包括恶露等。当然这个阶段如果奶水不足的话,还可以加一些催乳餐,比如猪蹄汤、鲫鱼炖豆腐等
第二个阶段	调	这个阶段可以吃稍微硬一些的食物,主要是调理内脏,因为怀孕的时候,孕妇身体内的内脏会发生一些移位,这个阶段就是调理内脏,使其恢复原位
第三个阶段	补	这个阶段开始添加一些大补的食物,以使孕妇的身体尽快地恢复,补足元气

知识07 确保舒适的室内环境

1.温度要适宜

室内温度一般冬季为18～22℃、夏季为25～28℃。冬天注意保温,预防感冒;夏天不要捂得太严,因为产妇体内的热量排泄不出,会导致中暑。可以使用空调和加湿器调节房间的温度和湿度,保持安静。

2.空气要新鲜

有不少人认为产妇不能见风,见风会得"产后风"(产褥热),因而将产妇房间的门窗紧闭,床头挂帘,产妇则裹头扎腿,严防风袭。其实,产褥热是藏在产妇生殖器官里的致病菌作怪,多是由于消毒不严格的产前检查,或产妇不注意产褥期卫生等引起的。

如果室内空气混浊,卫生环境差,很容易使产妇、婴儿患上呼吸道感染,甚至产妇中暑。所以,产妇的房间不论冬夏窗户都可以常开,每天2次,每次15～20分钟,以使室内空气新鲜,但一定注意避免风直接吹向产妇。

知识08 协助产妇清洁头发

由于产妇分娩时用力大,所以会出汗,另外产后其身体内多余的体液也要通过毛孔排泄出去,头发常常是汗津津的,头发瘙痒、难闻,如不及时清洗,还会污染身体其他部位。不过,产妇产褥期洗头必须注意以下几点。

① 洗头次数不能太频繁，夏天一天或两天一次即可；

② 洗头的水温、室温要适宜；

③ 建议产妇用生姜煮过的水洗头；

④ 不能用吹风机吹干头发，可多用几条干毛巾把头发擦干；

⑤ 一定要等头发干透了再睡。

📖 知识09 产妇衣着、被褥的要求

产妇的衣着、被褥等厚薄要适当，切勿过厚或过薄。

① 衣服要穿纯棉的，吸汗性、透气性要好，颜色要浅。款式要方便喂奶，不要有拉链、扣子、亮片等硬件的装饰品，以防划伤婴儿。

② 内衣应是纯棉的，且每天都要换洗。

③ 脚要穿袜子和软底鞋。

④ 床不要过软，过软容易造成产妇腰痛；如果婴儿放在床上，床太软容易导致窒息，且不利于骨骼的发育。

⑤ 床上的物品要整齐干净，经常换洗。每个星期换一次，保持卫生。

📖 知识10 产妇在月子中的保健要求

家政服务员在照顾月子中的产妇时，需要注意的事项主要包括：

① 要求产妇分娩后绝对卧床休息，恶露多者要注意阴道卫生。

② 保持心情舒畅，避免情绪激动，安慰产妇消除思想顾虑，特别要注意避免意外的精神刺激。

③ 保持室内空气流通，祛除秽浊之气，但要注意保暖，避免受寒。血热证者，衣服不宜过暖。

④ 恶露减少，身体趋向恢复时，产妇可适当起床活动，有助于气血运行。

⑤ 加强营养，饮食宜清淡，忌生冷、辛辣、油腻、不易消化食物。为免温热食物助邪，可多吃新鲜蔬菜。气虚者，可给予鸡汤、桂圆汤等。血热者可食梨、橘子、西瓜等水果，但宜温服。

⑥ 属血热、血瘀、肝郁化热的产妇，应加强汁类服食，如藕汁、梨汁、橘子汁、西瓜汁，以清热化瘀。

⑦ 脾虚气弱的产妇，遇寒冷季节可增加羊肉、狗肉等温补食品。肝肾阳虚的产妇，可增加滋阴食物，如甲鱼、龟肉等。

⑧ 产妇不要走太多的路和手持、搬动重物。持重物会导致腹部用力，易导致子宫脱垂。

⑨ 疲倦时躺下休息，保持安静，会很有效。

⑩ 不要积存压力。精神疲劳和身体疲劳一样会导致各种问题的发生，压力积攒后也容易出现腹部变硬，最好能做到身心放松。

⑪ 防止着凉。空调使下肢和腰部过于寒冷，也容易引起宫缩，可以穿上袜子，盖上毯子。

📖 知识11 产妇洗浴护理的要求

产妇分娩后比正常人出汗多，夜间睡眠时和初醒时更甚，这是正常的褥汗现象，加上恶露不断排出和乳汁分泌，身体比一般人更容易脏，更容易让病原体侵入，因此产后讲究个人卫生是十分重要的。传统理论认为产妇月子里不能洗浴，这是不科学也是不卫生的，从医学上讲，顺产产妇分娩后两天（剖宫产拆线后两天）就可洗澡，但不宜盆浴。

📖 知识12 给产妇绑腹带的要求

1.产妇为什么要绑腹带

因为产妇的子宫呈倒三角形，宝宝生下之后，子宫腾空，内脏失去支撑，便会自然下垂。除了大肚腩不好看之外，更重要的是，内脏下垂是所有妇女病和未老先衰的根源，因此必须要绑腹带。绑腹带是为了不让其他器官那么快地往下走，给肚子回缩的时间。此外，原本为内脏下垂体型的人，也可以趁坐月子期间绑腹带来改善体型。

2.捆绑和拆卸时间

① 早晨起床、梳洗、方便完后，即捆上腹带；

② 午、晚餐前若腹带松掉，则须拆下重新绑紧再吃饭；

③ 擦澡（或冲澡）前将腹带拆下，擦澡（或冲澡）后再将腹带绑紧；

④ 入睡前请将腹带拆下备用。

操作技能 ▶▶▶

技能01 给产妇洗头的操作步骤

家政服务员在给产妇洗头时，可按图8-1所示的操作步骤进行。

步骤一	关好门窗，避免对流风
步骤二	备好洗浴用品：洗发液、浴巾等
步骤三	用不超过50℃的热水洗头
步骤四	洗完头后及时把头发擦干，再用干毛巾包一下，避免湿头发挥发时带走大量的热量，使头皮血管在受到冷刺激后骤然收缩，引起头痛

图8-1 给产妇洗头的操作步骤

🎈 专家提示 ▶▶▶

① 洗完头后，在头发未干时不要扎辫，也不可马上睡觉，避免湿邪侵入体内，引起头痛和脖子痛；

② 梳理头发最好用木梳，避免产生静电刺激头皮。

技能02 给产妇擦澡的操作步骤

产妇在2天内不可洗澡，但需用正确的方法擦澡，家政服务员在给产妇擦澡时，可按图8-2所示的操作步骤进行。

步骤一	关好门窗，避免对流风
步骤二	用烧开的水及米酒水各半，加入10毫升的药用酒精及10克的盐，掺和着成为擦澡水
步骤三	用毛巾沾湿、拧干，按眼、鼻、耳、颈部、胸部、乳房、腹部、臀部、腿部、脚部和会阴部的顺序擦浴
步骤四	擦拭干净后还要抹上不带凉性的痱子粉，肚子上如果绑上腹带，腹带也要适时地更换
步骤五	产妇身体各部位擦洗结束后，帮其换好干净的内衣裤，并更换床单、被套
步骤六	帮产妇穿好衣服，收拾好擦澡用具

图8-2 给产妇擦澡的操作步骤

① 每次只暴露正擦洗的部位，待一个部位擦洗结束后，立即用被子盖好，再暴露下一个部位，以保证产妇不能受凉；

② 动作要轻柔；

③ 清洁产妇手脚时，可直接将其放在水里清洗；

④ 清洁会阴部时，根据产妇身体情况也可让她自己冲洗；

⑤ 早上、中午、晚上各一次，若冬天非常寒冷时，则一次就好。

🅀 技能03 给产妇绑腹带的操作步骤

家政服务员在给产妇绑腹带时，可按图8-3所示的操作步骤进行。

步骤一	让产妇仰卧、平躺，把双膝竖起，脚底平放床上，膝盖以上的大腿部分尽量与腹部成直角；臀部抬高，并于臀部下垫2个垫子
步骤二	两手放在下腹部，手心向前，将内脏往心脏的方向按摩，抱高
步骤三	分2段式绑，从耻骨绑至肚脐，共绑12圈，前7圈重叠缠绕，每绕1圈半要"斜折"一次（斜折即将腹带的正面转成反面，再继续绑下去，斜折的部位为臀部两侧），后5圈每圈往上挪高2厘米，螺旋状地往上绑，最后盖过肚脐后用安全别针固定并将带头塞入即可
步骤四	拆下时须一边拆，一边卷成实心圆桶状备用

图8-3 给产妇绑腹带的操作步骤

Domestic Helper

第九章
照料婴幼儿技能

第一节 饮食料理

营养对人的发育成长和健康起重要作用，特别是婴幼儿时期，正确的喂养能保证婴幼儿正常发育和增强对各种疾病的抵抗力，对病儿尤为重要。婴幼儿处于生长发育期，代谢旺盛，对营养需要量较大，不仅要满足其营养物质的需要，还要掌握正确的喂养方法。

基础知识 ▶▶▶

知识01 怎样帮雇主挑选好奶粉

奶粉是婴幼儿必需的食物之一，由于前几年的三聚氰胺奶粉事件深深地影响着奶爸奶妈们，尤其是年轻的奶爸奶妈在挑选奶粉时，更不知如何去挑选了，这时就需要家政服务员充当他们的好帮手了，帮助他们去挑选。那么好奶粉的标准是什么呢？家政服务员要如何为雇主家的孩子挑选好的奶粉呢？可以按照图9-1所示的方法去挑选奶粉，做个让雇主放心的"当家人"。

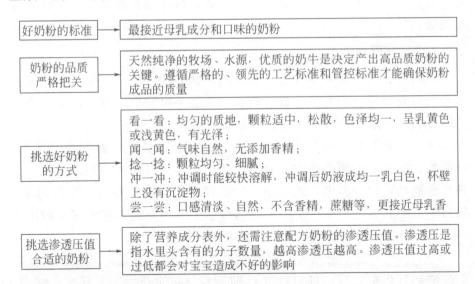

好奶粉的标准	→	最接近母乳成分和口味的奶粉
奶粉的品质严格把关	→	天然纯净的牧场、水源，优质的奶牛是决定产出高品质奶粉的关键。遵循严格的、领先的工艺标准和管控标准才能确保奶粉成品的质量
挑选好奶粉的方式	→	看一看：均匀的质地，颗粒适中，松散，色泽均一，呈乳黄色或浅黄色，有光泽； 闻一闻：气味自然，无添加香精； 捻一捻：颗粒均匀、细腻； 冲一冲：冲调时能较快溶解，冲调后奶液均一乳白色，杯壁上没有沉淀物； 尝一尝：口感清淡、自然，不含香精，蔗糖等，更接近母乳香
挑选渗透压值合适的奶粉	→	除了营养成分外，还需注意配方奶粉的渗透压值。渗透压是指水里头含有的分子数量，越高渗透压越高。渗透压值过高或过低都会对宝宝造成不好的影响

图9-1 挑选奶粉的方法

专家提示 ▶▶▶

① 挑选奶粉不在营养多少，而在于是否适合宝宝的生理条件，当然类似母乳的奶粉是最好的；

② 选择奶源地纯净可靠、工艺严格的奶粉；

③ 选择看起来色泽均匀、颗粒细腻，闻起来、尝起来味道清淡，接近母乳的奶粉；

④ 选择在成分上无蔗糖、香精等添加剂的奶粉；

⑤ 选择接近母乳的较低磷、钠、渗透压值的配方奶粉。

知识02 婴幼儿膳食调配的基本原则

1. 多样性原则

为使婴幼儿获得全面的营养，家政服务员在给他们准备饭菜时要注意"杂"，即尽可能让他们吃到各种各样的食物，举例如下。

（1）主食　应包括米、面、杂粮、薯类及豆类等；

（2）副食　既要有鱼、禽、蛋、瘦肉、奶等高蛋白食品，也要有不同品种、不同颜色的蔬菜，特别是红、黄、绿等深色蔬菜，还要有各种水果等。

2. 合理搭配原则

婴幼儿正处于身体迅速生长发育的重要时期，配合其生长需要提供合理的营养是每一个婴幼儿健康成长和发展不可缺少的条件，所以婴幼儿膳食的合理搭配具有非常重要的意义。

（1）八大类食物按比例提供　谷类、肉类、蛋类、蔬菜类、果类、豆制品、油类及食糖这八大类食物，每天都要让婴幼儿吃到，但并不是各种食物都吃得一样多，而应有一定的比例。较为合理的营养结构是：每日生活中五谷杂粮和豆类应该吃得最多；其次是蔬菜和水果；相比之下，肉、鱼和蛋等高蛋白的食品虽然要有，但不能太多。

（2）各种食品巧妙搭配　给婴幼儿准备饭菜时要尽可能使各种食物之间能相互搭配，以保证婴幼儿吃到营养全面的食物，并且食欲旺盛。

可遵循以下原则进行搭配：米面搭配、粗细粮搭配、荤素搭配、蔬菜五色搭配、干稀搭配等。

知识03 婴幼儿膳食的要求是什么

1.优先供给富含蛋白质、维生素、矿物质的食品

牛奶是婴儿断乳后的首要食品，凡有条件的家庭，每日应供应婴儿牛奶500毫升左右，并要提供瘦肉（畜、禽、鱼）50克左右，鸡蛋1个，以及动物肝脏、血、豆制品、各种新鲜蔬菜和水果等，以保证营养的摄入。

2.适量供给碳水化合物、脂肪高的产能食品

① 谷类食物含碳水化合物高，除供给热能外，还供给维生素B_1、叶酸、钙、铁等营养素；

② 纯糖除供给热能外，对肝脏还有一定的保护作用，但对婴儿来说，不宜多吃，特别是饭前不要吃糖，以免影响食欲；

③ 油脂能供给热能以及必需的脂肪酸，且有益于调味，是每日膳食中所必需的食品，但不宜过量，以免影响消化。

知识04 充调奶粉的方法

家政服务员在调配奶粉时，要防止两种偏差：一种是冲成的奶太浓，会造成婴儿消化不良；另一种是配制得太稀，长期服用会导致营养不良。因此，家政服务员一定要牢牢掌握正确的配奶方法。正确的方法如图9-2所示。

```
┌─────────────────────┐        ┌─────────────────────┐
│ 容积比例的调配方法  │        │ 重量比例的调配方法  │
└─────────────────────┘        └─────────────────────┘

  ┌──────────────────┐          ┌──────────────────┐
  │ 按 1∶4 的比例，即 1 份全 │   │ 按 1∶8 的比例，即 10 克 │
  │ 脂奶粉配 4 份水。要配足 │   │ 全脂奶粉可以加水 80 毫升， │
  │ 婴儿每次的需要量，即每 │    │ 配足婴儿每次的需要量 │
  │ 增加 4 汤匙水，就要增加 1 │  └──────────────────┘
  │ 汤匙奶粉 │
  └──────────────────┘
```

图9-2　奶粉的调配方法

知识05 给婴儿喂水的要求

① 纯母乳喂养的新生儿一般喂水很少，而喝牛奶的婴儿每天要在两顿奶之间喂水。

② 喂水量也应随天气的变化和孩子体质的差异而有些区别，要灵活掌握。夏季应增加喂水次数，但不要过多，以免引起水肿。

③ 可以喂温开水，也可以喂菜汁或水果汁，还可以喂蜂蜜水。

④ 要用勺喂，刚开始可能要一滴一滴地喂，喂时要有耐心。

知识06 辅食添加的原则

一般来讲，从婴儿4个月开始，除了母乳或牛奶，还要逐步添加一些蔬菜泥、苹果泥、香蕉泥等。家政服务员在给婴儿添加辅食时，应遵循以下原则。

① 从少到多。如蛋黄从1/4开始，如无不良反应2～3天后加到1/3～1/2个，渐渐吃到1个。

② 由稀到稠。米汤喝10天左右—稀粥喝10天左右—软饭吃10天左右。

③ 从细到粗。菜水—菜泥—碎菜。

④ 习惯一种再加另一种。

⑤ 在孩子健康、消化功能正常时添加，出现异常反应暂停两天，恢复健康后再进行。

婴儿（4～8个月）的辅食制作方法

1. 4个月婴儿

（1）蛋黄泥　取鸡蛋放入冷水中，微火煮沸5分钟，剥去壳，取出蛋黄，加开水少许用汤匙捣烂调成糊状即可。把蛋黄泥混入牛奶、米汤、菜水中调和喂吃。

（2）猪肝泥　将生猪肝去筋切成碎末，加少许酱油泡一会儿。在锅中放少量水煮开，将肝末放入煮5分钟即可（还可用油炒熟）。混入牛奶、菜水、米汤内调和喂吃。

（3）菜泥　蔬菜种类很多，可交替给孩子食用。胡萝卜、土豆、白薯等，可将它们洗净后用锅蒸熟或用水煮软，碾成细泥状喂吃。菜类可选用白菜心、油菜、菠菜等，把菜洗净后，切成细末，再用少许植物油炒熟即可食用。

2. 5个月婴儿

（1）青菜粥　大米2小匙，水120毫升，过滤青菜汁1小匙（可选菠菜、油菜、白菜等）。把米洗干净加适量水泡1～2小时，然后用微火煮40～50分钟，加入过滤的青菜汁，再煮10分钟左右即可。

（2）汤粥　把2小匙大米洗干净，放在锅内泡30分钟，然后加肉汤或鱼汤120毫升，开锅后再用微火煮40～50分钟即可。

（3）奶蜜粥　将1/3杯牛奶、1/4个蛋黄放入锅内均匀混合，再加入1小匙面粉，边煮边搅拌，开锅后微火煮至黏稠状为止，停火后加1/2小匙的蜂蜜即可。

（4）番茄通心面　把切碎的通心面3大匙和肉汤5大匙一起放入锅内，用火煮片刻，然后加番茄酱1大匙煮至通心面变软为止。

3. 6个月婴儿

（1）蛋黄粥　将大米2小匙洗净，加水约120毫升泡1～2小时，然后用微火煮40～50分钟，把蛋黄碾碎后加入粥内，再煮10分钟左右即可。

（2）水果麦片粥　把麦片3大匙放入锅内，加入牛奶1大匙后用微火煮2～3分钟，煮至黏稠状，停火后加切碎的水果1大匙。可用切碎的香蕉加蜂蜜，也可以用水果罐头做。

（3）面包粥　把1/3个面包切成均匀的小碎块，和肉汤2大匙一起放入锅内煮，面包变软后即停火。

（4）牛奶藕粉　把藕粉1/2大匙、水1/2杯、牛奶1大匙一起放入锅内，均匀混合后用微火熬，边熬边搅拌，直到熬成透明糊状为止。

（5）奶油蛋　把蛋黄1/2个、淀粉1/2大匙加水放入锅内，均匀混合后上火熬，边熬边搅拌，熬至黏稠状时加入牛奶3匙，停火后放凉时再加蜂蜜少许。

4. 7个月婴儿

（1）蔬菜猪肝泥　将胡萝卜煮软切碎，取1小匙；取菠菜叶1/2匙，加少量盐煮后切碎。切碎的胡萝卜、菠菜和切碎的猪肝2小匙一起放入锅内，加酱油1小匙用微火煮，关火前加牛奶1大匙。

（2）香蕉粥　1/6根香蕉去皮，用勺子背把香蕉碾成糊状放在锅内，加牛奶1大匙混合后上火煮，边煮边搅拌均匀，停火后加入少许蜂蜜。

（3）猪肝番茄粥　把切碎的猪肝2小匙、切碎的葱头1小匙同时放入锅内，加米或肉汤煮，然后加洗净剥皮切碎的番茄2小匙，盐少许。

5. 8个月婴儿

（1）香蕉玉米面糊　把玉米面2大匙、牛奶1/2杯一起放入锅内，上火煮至玉米面熟了为止，再加剥皮后切成薄片的香蕉1/6根和少许蜂蜜煮片刻。

（2）肉面条　把面条放入热水中煮后切成小段，与2小匙猪肉末一起放入锅内，加海味汤后用微火煮，再加适量酱油，把淀粉用水调匀倒入锅内搅拌均匀后停火。

（3）虾糊　把虾剥去外壳，洗干净后用开水煮片刻。然后碾碎，再放入锅内加肉汤煮，煮熟后加入用水调匀的淀粉和少量盐，使其呈糊状后停火。

（4）奶油鱼　把收拾干净的鱼放入热水中煮过后搅碎，把酱油倒入锅内加少量肉汤，再加切碎的鱼肉上火煮，边煮边搅拌，煮好后放入少许奶油和切碎的芹菜即可。

📖 知识07 奶瓶消毒的要求

1.准备器具

消毒锅、奶瓶、奶嘴、奶盖、洗奶瓶用毛刷1支、镊子（夹奶瓶、奶嘴用）。

2.消毒方法

① 先用肥皂清洗双手，用干净的消毒锅加8分满的水，准备加热；

② 将耐热的玻璃奶瓶、镊子等器具于冷水时放入锅内煮10分钟，再将不耐热的器具包括奶嘴、奶盖等用纱布包着一起放入煮5～10分钟；

③ 将消毒好的奶瓶放置在干净的地方晾干，以备下次使用。

🔍 操作技能 ▶▶▶ --------------------------------

🔍 技能01 给婴幼儿冲奶粉的操作步骤

家政服务员在给婴儿冲奶粉时，可按图9-3所示的操作步骤进行。

步骤一	在奶瓶里倒入需要的温开水（煮沸过的热开水冷却至40℃左右）
步骤二	用汤匙舀起奶粉，舀起的奶粉需松松的，不可紧压。注意不可将奶粉先倒入奶瓶
步骤三	盖上奶嘴，摇晃均匀，并检查奶的温度及流速。切忌上下摇晃，以免牛奶起泡
步骤四	将奶瓶倾斜，滴几滴奶液在手腕内侧，试试温度，感觉不烫即可

图9-3 给婴幼儿冲奶粉的操作步骤

🎈 专家提示 ▶▶▶

家政服务员在给婴儿冲奶粉时切记不能太烫。一定要试好温度后才能给婴儿喂。

技能02 用奶瓶给婴儿喂奶的操作步骤

家政服务员在给婴儿喂奶时，可按图9-4所示的操作步骤进行。

步骤一	将调好的奶倒入奶瓶，拧紧瓶盖
步骤二	将奶瓶倾斜，滴几滴奶液在手腕内侧，试试温度，感觉不烫即可
步骤三	选择舒适坐姿坐稳，一只手把婴儿抱在怀中，让婴儿上身靠在肘弯里，手臂托住婴儿的臀部，婴儿整个身体约呈45°倾斜
步骤四	另一只手拿奶瓶，用奶嘴轻触婴儿口唇，婴儿即会张嘴含住，开始吸吮
步骤五	喂奶时，奶瓶的倾斜度要适当
步骤六	奶液滴落的速度以不急不慢为宜
步骤七	喂完奶后将婴儿竖直抱起排气。给婴儿喂完奶后，不能马上让婴儿躺下，应该先把婴儿竖直抱起靠在肩头，让他坐在大腿上，支撑其前方下巴处，轻拍婴儿后背，让婴儿打个嗝儿，排出胃里的空气，以避免吐奶

图9-4 给婴儿喂奶的操作步骤

专家提示 ▶▶▶

① 婴幼儿开始吃奶后应确保将牛奶充满整个奶嘴，并将奶瓶略微转动，以防婴儿吸入过多空气。

② 如果奶嘴被婴儿吸瘪，可以慢慢将奶嘴拿出来，让空气进入奶瓶，奶嘴即可恢复原样。也可以把奶嘴罩拧开，放进空气再盖紧即可。

③ 如果吞咽过快，可能是奶嘴孔过大；如果吸了半天奶量也未见减少多少，可能是奶嘴孔过小，婴儿吸奶会很费力。

④ 不要把尚不会坐的婴儿放在床上而大人长时间离开，让婴儿独自躺着用奶瓶喝奶，这样做非常危险，婴儿可能会呛奶，甚至引起窒息。

技能03 用奶瓶喂水的操作步骤

家政服务员用奶瓶给婴幼儿喂水时，可按图9-5所示的操作步骤进行。

步骤一	在碗里倒入开水
步骤二	用勺子在碗里搅拌一会儿，让开水凉得快一些
步骤三	用勺子舀一勺温开水滴在自己的手腕内侧处，如果水的温度合适了就可以往奶瓶里装了
步骤四	给婴幼儿戴上围嘴，免得弄湿衣服
步骤五	把婴幼儿竖立直抱着或者倾斜抱着
步骤六	将奶瓶倾斜地靠近婴幼儿嘴边
步骤七	婴幼儿吸进奶嘴后，将水充满整个奶嘴，并将奶瓶略微转动，以防婴幼儿吸入过多空气

图9-5　用奶瓶喂水的操作步骤

技能04 奶瓶清洁及消毒的操作步骤

家政服务员在奶瓶清洁及消毒时，可按图9-6所示的操作步骤进行。

步骤一	把奶瓶的瓶身、锁紧环和奶嘴三部分分开，放在清水中，用中性肥皂水清洗。可以用海绵和刷子清洗奶瓶的内部，而在清洗奶嘴时，家政服务员要特别注意，只能用手指和温肥皂水小心清洗，因为带刷毛的刷子可能会刷掉奶嘴上的硅
步骤二	在清洗完奶瓶的各个部件后，就要对它们进行消毒。简便快速的方法可以分为微波消毒和蒸汽消毒。把清洗后的奶瓶盛上清水放进微波炉中，打开高火设定 10 分钟就可以了
步骤三	微波消毒后，应该把留在奶瓶内的水彻底倒干净，倒扣沥干后放在通风干净的地方放凉
步骤四	如果要对奶瓶消毒得更彻底、更全面，使用蒸汽消毒锅是最放心的。利用天然的蒸汽，可以消灭 99.9% 的有害细菌，同时，也能避免对奶瓶的损害
步骤五	先在蒸汽消毒锅的底座盛水箱中倒入 100 毫升自来水，将大蒸篮放置在底座上，再将小蒸篮放在大蒸篮上。放上奶瓶，盖上小蒸篮的顶盖，然后插上电源，按电源启动按钮，就可以开始消毒了
步骤六	10 分钟后消毒完成，蒸汽消毒锅会自动关闭。如果不急着使用这些奶瓶，可以不用打开盖子，直到下一次需要时再拿出来就可以了

图9-6　奶瓶清洁及消毒的操作步骤

第二节　生活料理

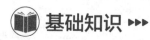
基础知识 ▶▶▶

📖 **知识01**　正确地抱领婴幼儿

作为一名家政服务员要掌握正确地抱领婴幼儿的姿势，具体见表9-1。

表9-1　正确地抱领婴幼儿的姿势

序号	类别	具体说明
1	抱的方式	① 将一只手轻轻地插入婴儿的颈后，以支撑起婴儿的头部，另一只手放在婴儿的背部和臀部以托起婴儿的下半身，然后双手要同时轻柔、平稳地把婴儿抱起。施力要适当，以不惊吓婴儿为原则。 ② 把婴儿抱起后，将婴儿的头放在肘弯处，使婴儿的头部略高出身体的其他部分，双手托住婴儿的背部及臀部。将婴儿靠近自己的身体，手依然托住婴儿的头、颈与臀部，脸部面向自己的身体。 ③ 如果要把婴儿竖立抱起来，则要将托住臀部的手向下，另一只手向上，将婴儿身体直立起来，并将其头部靠在自己的肩上（与托住臀部的手同方向），用手护着婴儿的头、颈与背部，婴儿的屁股枕在大人的手臂上。 ④ 当婴儿能较好地控制自己的头时，就可以把双手放在婴儿的腋下抱起来，然后，用一只手臂弯曲托住婴儿的臀部，另一只手扶着婴儿的背部将婴儿立着靠在自己的肩上，或者另一只手插入婴儿的腋下扶住其肩膀
2	放下婴儿的姿势	放下婴儿的姿势与抱起婴儿时的姿势基本一样，要轻柔、平稳
3	领幼儿	① 领幼儿时要握住幼儿的全手掌，注意不能过分牵拉幼儿的胳膊或突然间使劲拉幼儿的胳膊，这样会使幼儿的关节脱臼； ② 走路时要顺着幼儿的速度，不要让幼儿追赶成人的步伐，防止幼儿疲劳或被伤害

专家提示 ▶▶▶

① 抱起或放下婴儿时，动作要轻柔、平稳、缓慢；

② 抱3个月以内的婴儿时要注意扶好婴儿的头部；

③ 抱3个月以上的婴儿时应该注意扶住其背部，同时要抱紧婴儿，严防婴儿突然发力从你的怀中蹿出；

④ 严禁抱着婴儿从高处向下看风景，尤其不能抱着婴儿站在窗前并打开窗户向下看，以免婴儿突然发力从你的怀中蹿出。

知识02 婴儿大小便的规律

① 一般在吃奶、喝水后15分钟左右就可能排尿，然后隔10分钟左右可能又会排尿。了解这个规律后就可以有意识地给小孩把尿。

② 吃母乳的婴儿一天可能大便3～5次；喝牛奶的婴儿一天大便一次居多，也有的可能两天大便一次，容易便秘。

③ 婴儿大便前一般会有些表现，如发呆、愣神、使劲等，如果你能及时发现，抱起他把大便就有可能成功。

④ 3～6个月的婴儿，有的大小便已很有规律，特别是每次大便时会有比较明显的表示。夏季炎热的时候可以不用给婴儿裹尿布，以防出疹。

⑤ 6个月以上的婴儿每天基本上能够按时大便，形成一定的规律，定时把大便成功的机会比较多。但还不能自己有意识地控制大小便，只是条件反射性地排便排尿，还是要靠大人多观察，比如有的排大便前脸部会有表情，自己会"嗯嗯"地示意。

知识03 适时训练婴儿大小便

① 婴儿一般1～2个月就可以开始训练把大小便了，最初在睡前和醒后；

② 也可在每天早上吃奶后、晚上睡前试着把一把，这个阶段训练大小便不一定成功，不必着急，更不能强迫；

③ 可以在给婴儿把大小便时用"嘘嘘"声作排便信号，帮助形成条件反射；

④ 从5～6个月开始，可以在婴儿喝完奶后让孩子坐盆，这样天天坚持，反复进行，就可以逐步使婴儿形成定时排便的习惯。

知识04 婴儿的异常表现

婴儿常见的异常情况，若不仔细观察有时是很难发现的。一般来说，如果有几种情况同时出现，往往说明他已经患病。由于婴儿患病具有起病急、变化快的特点，家政服务员必须密切观察，做到早发现、早诊治，以利于婴儿的健康成长。婴儿的异常表现，主要包括以下几种：

① 哭声不停；

② 精神状态不好；

③ 没有食欲；

④ 睡眠时间少、睡得不安静；

⑤ 便溺情况变化；

⑥ 呼吸不正常。

知识05 正确处理婴幼儿的轻微外伤

处理婴幼儿的轻微外伤的具体方法见表9-2。

表9-2　处理婴幼儿轻微外伤的具体方法

序号	类别	具体说明
1	擦伤	擦伤主要是身体某个部位，如脸、手、腿等处的皮肤被一些粗糙的东西擦破，出现一些擦痕、小出血点等，这是在婴幼儿身上最经常发生的外伤。表皮擦伤，首先可用凉水冲洗伤口直至伤口上的脏物都被冲掉，然后在伤口表面涂上红药水或紫药水（面部不涂紫药水）即可
2	跌伤	婴幼儿天性活泼好动，喜欢爬上爬下，但协调和自我控制能力差，因而在活动中很容易发生跌伤。大多数跌伤一般只造成局部的损伤，如表皮的擦伤或渗血、出血，其处理的方式同表皮擦伤和一般出血基本一样。但如果孩子跌伤后出现神情呆板、反应迟钝、面色苍白等情况，则表明可能是内脏或大脑出现损伤，就应立刻带孩子去医院，如有延迟，很可能会出现生命危险

续表

序号	类别	具体说明
3	扭伤	多发生在婴幼儿四肢的关节部位，由于肌肉、韧带等软组织受到过度牵拉而造成的损伤。受伤部位可出现青紫色、疼痛、肿胀、活动不灵活。一旦发现孩子受伤，要立刻停止孩子的活动，及时向雇主反映，并根据雇主要求及时送孩子去医院
4	鼻出血	鼻出血是儿童期比较常见的特殊部位的出血。许多原因都可引起，如鼻黏膜干燥、挖鼻孔、用力擤鼻涕、鼻外伤以及各种血液病等。一旦出现鼻出血可采取以下做法： ① 安慰孩子不用紧张，并让其躺在床上； ② 将消毒棉花或纱布塞进出血一侧的鼻孔内止血； ③ 在孩子的前额和鼻部用湿毛巾冷敷； ④ 止血后2～3个小时内不要让其做剧烈运动； ⑤ 如果上述处理无效，鼻出血仍不止，要立即带孩子上医院处理

知识06 婴儿出牙的护理要求

婴儿长到6个月时就开始出牙，出牙时的护理很重要。

① 婴儿出牙时常会出现流涎。可以给婴儿围个围嘴，或者在下巴下面垫块吸水性好的纱布，湿了后及时更换。经常用温水洗净下巴并擦些油。

② 出牙时有些婴儿会表现出不安、哭闹、爱咬东西，吃奶时会咬奶嘴。在婴儿萌牙期间可以让他咬硬一点儿的安全的东西或食物，如牙训器、硬饼干、烤馒头片等。

③ 当婴儿牙已萌出，这时婴儿爱将拿到手的东西送进嘴里咬，要经常让他咬硬物。应将玩具等物品清洗干净，保持清洁，有毒性的、尖角锋利的东西不能让婴儿拿到，以防意外事故发生。

知识07 适时晒太阳对婴儿有什么好处

适时晒太阳，有利于婴儿的生长发育。1～6个月是佝偻病发病率最高的时期，晒太阳可以减少佝偻病的发生。

① 带婴儿到户外晒太阳要尽可能裸露婴儿的身体。冬天天冷时可以脱去尿布让婴儿臀部晒太阳，天稍微暖和些可以把婴儿的袖子、裤腿卷起来，让四肢直接接触阳光。

② 冬天以上午10点后抱婴儿去户外晒太阳为宜，夏天烈日酷暑时，要利用8点以前或者傍晚日落时的阳光，也可以抱婴儿在树荫下接受反射阳光。夏季一般每天接触两小时的日光，婴儿体内就能储藏足够的维生素D_3。

③ 给婴儿晒太阳，必须逐步增加时间，避免暴晒。

④ 在室内晒太阳一定要打开窗户，让婴儿直接接受阳光。

知识08 锻炼婴幼儿咀嚼能力的好处

婴幼儿长到1～2岁牙齿已有10多颗，已经具备咀嚼食物的能力，应该培养他们的咀嚼能力。

1.吃一些粗纤维的食物

锻炼婴幼儿的咀嚼能力可给他一些粗纤维的食物吃。因这时婴幼儿的咀嚼能力有限，所以，食物纤维不能过长，要切细些。肉要切成肉丁或肉末，并选择肉质嫩的部位。平时给婴幼儿一个苹果、一块烤馒头片之类的食物，让他去咬、去啃、去嚼。

2.教他慢慢嚼

婴幼儿吃东西时要教他慢慢嚼，并且教他们两边牙都要咀嚼，以防两边咀嚼肌发育不一而导致两侧脸大小有别。

知识09 常见衣物污渍的处理方法

（1）牛奶渍 先用冷水洗涤，再用加酶洗衣粉揉搓，最后漂洗干净；

（2）呕吐物 在洗前先将衣物上的呕吐物擦掉，其他同上；

（3）鸡蛋渍 如衣物上留有鸡蛋渍，洗涤时首先要将衣物放入冷水中浸泡1小时左右，再按一般方法洗涤；

（4）水果渍 可用苏打水先浸泡一段时间，再揉搓有水果渍的部位，最后按一般方法洗涤。

知识10 婴幼儿水浴的基本要求

1.水浴的基本要求

① 一般健康婴幼儿对低于20℃的水温会产生冷的感觉，20～30℃

有凉的感觉，32～40℃有温的感觉，40℃以上是热的感觉，水浴的原则是从温水逐渐到冷水。

② 水浴可以从温水逐渐过渡到冷水，切勿操之过急，以免婴幼儿受凉生病。1个月以内的婴幼儿可进行温水浴，1个月以后可逐渐向低温水浴过渡。

③ 要注意水温越低，与身体接触的时间要越短。

2.温水浴的基本要求

温水浴的基本要求见表9-3。

表9-3　温水浴的基本要求

序号	类别	基本要求
1	适合对象	刚出生的婴幼儿即可进行半身温水浴，脐带脱落后即可进行全身温水浴
2	温度	水温以37～38℃为宜，室内温度要在24～26℃
3	频率	冬春季节可每日1次，夏秋季节可每日2次，每次为7～12分钟
4	操作要点	① 每次浴毕应立即擦干，并用温暖的毛巾或布包被包裹婴幼儿； ② 为保持水温，进行过程中可不断向盆内加温水

3.冷水擦浴的基本要求

冷水擦浴的基本要求见表9-4。

表9-4　冷水擦浴的基本要求

序号	类别	基本要求
1	适合对象	这是最温和的水浴锻炼，操作方法比较简便，适用于6～7个月及以上的婴幼儿和体弱婴幼儿
2	室温要求	室温应控制在20℃以上，夏季可在室外进行
3	水温控制	开始时水温稍高些，为35℃左右，每隔2～3天降低水温1℃；较小的婴幼儿，水温可逐渐降至20℃左右，较大的婴幼儿水温可降至17～18℃，以后维持此水温
4	操作要领	① 开始时，应先进行二次干擦，即用柔软的厚布或毛巾分区摩擦全身至全身发红为止。 ② 湿擦的方法是脱去全身衣服，令婴幼儿躺在浴巾上，先用浸过水的毛巾（水中加1%的盐）摩擦上肢，然后用干毛巾摩擦皮肤，直到上肢皮肤出现轻度发红为止。 ③ 擦另一侧上肢、胸、腹、侧身、背及下肢。整套操作时间为6分钟，然后让婴幼儿静卧10～15分钟。年长婴幼儿可教会他们自己动手，但要帮他们掌握时间

4.冷水冲（淋）浴的基本要求

冷水冲（淋）浴的基本要求见表9-5。

表9-5 冷水冲（淋）浴的基本要求

序号	类别	基本要求
1	适合对象	适用于2岁以上的婴幼儿
2	水温控制	水温从34～35℃开始，逐渐降低，较小的婴幼儿水温可降至26～28℃，较大的婴幼儿水温可降至22～24℃
3	操作要领	① 先冲淋背部，后冲淋两肋、胸部和腹部，注意不能用冲击量很大的水流冲淋头部； ② 接受冲淋的时间以20～30秒为宜； ③ 一般在早饭前或午睡后进行较好； ④ 冲淋完毕后用干毛巾将全身擦干，如在寒冷季节，可进一步摩擦皮肤，以身体微微发红和发热为好

📖 知识11 哪些因素会影响婴幼儿的睡眠质量

影响婴幼儿睡眠质量的因素有图9-7所示的几个。

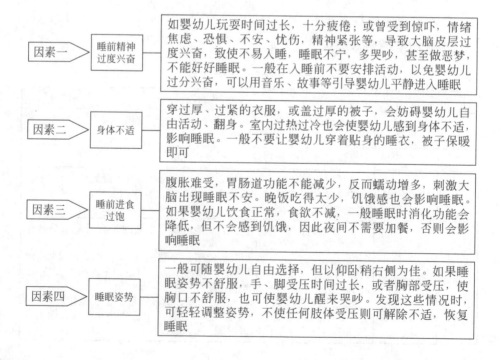

因素一	睡前精神过度兴奋	如婴幼儿玩耍时间过长，十分疲倦；或曾受到惊吓，情绪焦虑、恐惧、不安、忧伤，精神紧张等，导致大脑皮层过度兴奋，致使不易入睡，睡眠不宁，多哭吵，甚至做恶梦，不能好好睡眠。一般在入睡前不要安排活动，以免婴幼儿过分兴奋，可以用音乐、故事等引导婴幼儿平静进入睡眠
因素二	身体不适	穿过厚、过紧的衣服，或盖过厚的被子，会妨碍婴幼儿自由活动、翻身。室内过热过冷也会使婴幼儿感到身体不适，影响睡眠。一般不要让婴幼儿穿着贴身的睡衣，被子保暖即可
因素三	睡前进食过饱	腹胀难受，胃肠道功能不能减少，反而蠕动增多，刺激大脑出现睡眠不安。晚饭吃得太少，饥饿感也会影响睡眠。如果婴幼儿饮食正常，食欲不减，一般睡眠时消化功能会降低，但不会感到饥饿，因此夜间不需要加餐，否则会影响睡眠
因素四	睡眠姿势	一般可随婴幼儿自由选择，但以仰卧稍右侧为佳。如果睡眠姿势不舒服，手、脚受压时间过长，或者胸部受压，使胸口不舒服，也可使婴幼儿醒来哭吵。发现这些情况时，可轻轻调整姿势，不使任何肢体受压则可解除不适，恢复睡眠

因素五	膀胱胀欲排尿	睡前必让婴幼儿小便一次，排空膀胱。如果婴幼儿夜间排尿不多，用一次性尿布可一夜不换；1岁后婴幼儿膀胱容量增大，睡眠时可不需唤起小便。一般晚饭后、入睡前喝水过多，可增加小便量；冬季比夏季小便量要多，所以睡前不应给婴幼儿喝太多的水
因素六	睡眠环境改变，生活规律破坏	如住房迁移、卧室改动，抚育人变更或出门访亲拜友，外地旅游等，婴幼儿平日生活规律发生变动，均可使睡眠发生障碍。周围环境和生活节奏改变常常是扰乱婴幼儿睡眠的因素，要引起足够的重视
因素七	疾病影响	婴幼儿患病如发热、鼻塞、呼吸不畅、腹泻、蛲虫、蛔虫病等，都可引起婴幼儿睡眠时哭闹不安；睡眠时打鼾儿童可发生睡眠呼吸暂停综合征，也常使婴幼儿睡眠不安。应仔细寻找原因，及时加以处理，以保证婴幼儿睡眠良好

图9-7　影响婴幼儿睡眠质量的因素

 操作技能 ▶▶▶ -

技能01 婴幼儿睡眠的照料步骤

家政服务员在照料婴幼儿睡觉时，可按图9-8所示的步骤进行。

步骤一	睡觉前。卧室要开窗通风，根据气温增或减被、褥，铺好被褥，在夏天准备好凉席。关上窗户，脱去外衣，使婴幼儿穿贴身内衣或睡衣。使用安静的方法，安抚婴幼儿入睡。具体做法包括： ①晚饭不宜吃得过饱，饭菜清淡为好，晚饭后除水果外不再进食零食。1岁后夜间可不再喂奶或水。 ②晚饭后进行安静的活动，不宜喧闹过分，严禁看或听恐怖图画故事，以免精神过度兴奋，不易入睡和睡不安宁。 ③到睡觉时间以和蔼的语言提醒幼儿收拾玩具、书等，准备洗脸、洗脚、换衣上床。每晚如此，让婴幼儿有充分的思想准备。 ④盥洗换衣。洗个温水澡有助睡眠，或可洗脸、手、臀部。两岁后刷牙漱口、换睡衣，排尿后上床，自动入睡
步骤二	睡觉时。婴幼儿熟睡后，打开窗户，拉上窗帘，保持室内通风，光线稍暗。注意婴幼儿的睡姿、脸色，注意被子有否捂住口鼻造成窒息，避免意外的发生。对容易惊哭、恋床和体弱的婴幼儿应加强观察，适时给予照料。如在体弱、多汗的婴幼儿背部垫上毛巾，等出汗后，及时取走
步骤三	起床时。先关上窗户，给婴幼儿或帮助其穿上衣服，整理床铺

图9-8　婴幼儿睡眠的照料步骤

技能02 婴幼儿便后处理的操作步骤

家政服务员对婴幼儿便后的处理，可按图9-9所示的操作步骤进行。

步骤一	先取下婴幼儿的旧尿布或纸尿裤
步骤二	用柔软的湿巾将留在臀部下面的粪便擦净
步骤三	用温水将残留的脏东西擦洗干净
步骤四	换温水，用淋洗的方法清洗婴幼儿的臀部
步骤五	淋洗的顺序是外生殖器（男婴）或者会阴（女婴）→一侧臀部→另一侧臀部→肛门
步骤六	洗完后用干毛巾擦干
步骤七	扑粉或上药膏

图9-9　婴幼儿便后处理的操作步骤

技能03 给婴幼儿换纸尿裤的操作步骤

家政服务员在给婴幼儿换纸尿裤时，可按图9-10所示的操作步骤进行。

步骤一	更换新纸尿裤前，先清理先前的排泄物
步骤二	放纸尿裤
步骤三	放纸尿裤时，注意将有粘贴胶纸的一边置于婴幼儿的屁股后面，而放置的位置为纸尿裤的上缘与婴幼儿的腰际等高
步骤四	假如是女孩，其后面的尿布长度应该留长一些；如果是男孩，则应该将前面的尿布留长一些
步骤五	粘好一侧，再粘好另一侧即可
步骤六	注意两边的裤脚应保留两指宽，以免婴幼儿觉得太紧不舒适

图9-10　给婴幼儿换纸尿裤的操作步骤

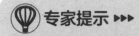 **专家提示** ▶▶▶

家政服务员在护理婴幼儿时，如果婴幼儿用的是棉质尿布，一旦尿湿，就要及时更换。纸尿裤的吸水性比较好，可以隔1～2小时观察一次，发现尿湿就应更换。如果拿不准纸尿裤是否尿湿，可以看尿液显示或用手捏捏纸尿裤膨胀的部分。一旦有了比较实在的手感，那就说明纸尿裤的吸水量已经快到极限了，需要马上换一块新的。

技能04 给婴幼儿水浴的操作步骤

家政服务员在给婴幼儿水浴时，可按图9-11所示的操作步骤进行。

步骤一	洗澡时要微笑着面对婴幼儿
步骤二	将婴幼儿的衣服脱至只剩一件上衣时，将其半拆开或脱下后暂盖身体
步骤三	首先蘸清水擦洗眼睛，步骤是由眼内角至眼外角
步骤四	毛巾清洗过后，即可擦拭全脸
步骤五	再以毛巾四角清洗婴幼儿的鼻、耳
步骤六	以橄榄式抱法清洗婴幼儿的头发，即一只手夹住婴幼儿的身体及手掌支撑头部，另一只手蘸水清洗
步骤七	将头擦干后，一只手托住婴幼儿的手臂及颈部，另一只手托住其臀部放入手中
步骤八	连同纱布衣放入水中，并拨水轻拍婴幼儿胸部，可避免婴幼儿躁动不安
步骤九	清洗婴幼儿颈部、两侧腋下及生殖器等时尤应注意
步骤十	将婴幼儿翻到背面清洗。这时以一只手托住婴幼儿的手臂及前颈，另一只手负责擦洗
步骤十一	将婴幼儿抱回床上后，应用浴巾将易藏水的部位擦干
步骤十二	轻轻按摩婴幼儿。然后换上尿布，穿上衣服。最后再用棉签清洁一下婴幼儿的耳朵和鼻子，梳理一下头发就可以了

图9-11 给婴幼儿水浴的操作步骤

专家提示 ▶▶▶

（1）洗澡温度　适合婴幼儿的洗澡水温度，夏天是38～39℃，冬天是40～41℃；

（2）洗澡时间　安排在喂奶前1～2小时，以免吐奶。每次不超过10分钟；

（3）婴幼儿皂的选择　应以油性较大而碱性小、刺激性小的婴幼儿专用皂为好；

（4）清洗鼻子和耳朵时　只清洗你看得到的地方，而不要试着去擦里面；

（5）为女婴清洗时　绝不要分开女婴的阴部去清洗里面，否则会妨碍可杀灭细菌的黏液流出；

（6）为男婴清洗时　绝不要把男婴的包皮往上推以清洗里面，这样易撕伤或损伤包皮；

（7）为女婴清洗外阴时　应由前往后清洗，这样可预防来自肛门的细菌蔓延至阴道引起感染；

（8）清洗婴幼儿脐带残端时　将棉花用酒精浸湿，仔细清洗脐带残端周围皮肤的皱褶，然后用干净的棉花蘸上爽身粉，将残端弄干爽；

（9）清洗婴幼儿的屁股时　每次使用一团棉花或是一块纱布，洗后要在温水中浸泡，彻底地清洗干净。

Domestic Helper

第十章
照料老年人技能

第一节　饮食料理

📖 **基础知识** ▶▶▶ ----------------------------------

📖 知识01 **老年人的合理饮食指南**

　　随着老年人消化功能的降低，心血管系统及其他器官都有不同程度的变化，因此饮食方面有特殊的要求。为保持老年人身体健康，应注意以下10个方面（见表10-1）。

表10-1　老年人饮食"十要"

序号	要点	缘由及应对方法
1	饭菜要香	老年人味觉、食欲较差，吃东西常觉得缺滋少味。因此，为老年人做饭菜要注意色、香、味
2	质量要好	老年人体内代谢以分解代谢为主，需用较多的蛋白质来补偿组织蛋白的消耗。如多吃些鸡肉、鱼肉、兔肉、羊肉、牛肉、瘦猪肉以及豆类制品，这些食品所含蛋白质均属优质蛋白，营养丰富，容易消化
3	数量要少	研究表明，过分饱食对健康有害，老年人每餐应以八九分饱为宜，尤其是晚餐
4	蔬菜要多	新鲜蔬菜是老年人健康的朋友，它不仅含有丰富的维生素C和矿物质，还有较多的纤维素，对保护心血管和防癌、防便秘有重要作用。每天的蔬菜摄入量应不少于250克
5	食物要杂	蛋白质、脂肪、糖、维生素、矿物质和水是人体所必需的六大营养素，这些营养素广泛存于各种食物中。为平衡吸收营养，保持身体健康，各种食物都要吃一点。如有可能，每天的主副食品应保持10种左右
6	菜肴要淡	有些老年人口重，但盐吃多了会给心脏、肾脏增加负担，易引起血压增高。为了健康，老年人一般每天吃盐以6～8克为宜
7	饭菜要烂	老年人常有牙齿松动和脱落，咀嚼肌变弱，消化液和消化酶分泌量减少，胃肠消化功能降低。因此，饭菜要做得软一些、烂一些
8	水果要吃	各种水果含有丰富的水溶性维生素和金属微量元素，这些营养成分对于维持体液的酸碱度平衡有很大的作用。为保持健康，每餐饭后应吃些水果

续表

序号	要点	缘由及应对方法
9	饮食要热	老年人对寒冷的抵抗力差，如吃冷食可引起胃壁血管收缩，供血减少，并反射性地引起其他内脏血循环量减少，不利于身体健康。因此，老年人的饮食应稍热一些，以适口进食为宜
10	吃时要慢	有些老年人习惯于吃快食，不完全咀嚼便吞咽下去，这样对健康不利。应细嚼慢咽，以减轻胃肠负担，促进消化。另外，吃得慢些也容易产生饱腹感，防止进食过多，影响身体健康

知识02 制定老年人食谱的原则

依据上面老年人饮食的要求，家庭服务人员在制定老年人食谱时应把握好以下三个原则。

1.合理搭配原则

三餐食谱中最好干稀搭配、粗细搭配和荤素搭配。如主食包子、副食豆浆，主食米饭、副食一荤一素，主食馒头、副食炒菜等。

2.清淡易消化原则

老年人食物尽量少荤、少盐；烹饪多用蒸、炖，少用煎、炸。如主食花卷、副食稀饭，主食米饭、副食清蒸鱼和蔬菜，主食馒头、副食土豆炖牛肉等。

3.少食多餐原则

因为老年人的消化能力减弱，肝脏合成糖原的能力下降，糖原的储备减少，容易感到饥饿，所以，老年人应采取少食多餐的办法。一般在一日三餐的基础上，可用点心或者水果来代替三餐以外的食物。

知识03 辅助老年人进食

由于老年人的消化吸收能力较弱，所以，老年人的进食过程跟年轻人不一样，家庭服务人员有必要辅助老年人进食。

① 保证老年人按时进食。根据老年人的生活习惯，规定老年人的三餐和加餐的时间，提醒老年人按时吃饭。注意：晚餐要早一点吃。

② 提醒老年人进食要慢，同时进食量要少，避免噎食。

③ 保证食物要热。老年人对寒冷的抵抗力差，如果吃冷食可引起胃壁血管收缩，供血减少，并反射性地引发其他内脏血循环量减少，不利于健康。

④ 保证食物洁净。老年人抵抗能力降低，食用不洁净的膳食可能会引起多种胃肠道疾病，尤其是进食腐败变质的有毒食物，还可出现中毒昏迷甚至死亡。

📖 知识04 老年人饮食的基本要求

老年人饮食的整体要求有三点，即三个平衡，见表10-2。

表10-2　老年人饮食的基本要求

序号	类别	具体要求
1	质量和数量上要平衡	俗话说：早上要吃好（质量），中餐要吃饱（数量），晚上要吃少（数量、质量）。这就是质量与数量上的平衡
2	饮食结构上要平衡	① 调整饮食结构，即荤素、粗细粮、水陆物产、谷豆物搭配合理； ② 调整质量结构，即"四低、一高、一适当"：低脂肪、低胆固醇、低盐、低糖，高纤维素饮食，适当蛋白质
3	饮食时间上要平衡	一日三餐是中国人的习惯，老年人饮食要根据自身的特点来定，总体原则是"少吃多餐"（即量少、次数多于三餐），以利于消化吸收，减轻消化器官的负担

📖 知识05 老年人饮食六宜六不宜

老年人饮食六宜六不宜的具体要求见表10-3。

表10-3　老年人饮食六宜六不宜

序号	类别	具体要求
1	宜淡不宜咸	食物过咸，钠离子过剩，容易引起水钠潴留，增加肾脏负担，导致水肿、血管收缩和血压上升
2	宜软不宜硬	由于老年人脾胃功能减弱，软食容易消化。再有老年人多数肾虚，牙齿咀嚼能力较弱，胃肠功能减弱，消化液分泌量减少，故宜软不宜硬

续表

序号	类别	具体要求
3	宜素不宜荤	过食肥甘厚味，会引起脂质堆积，导致动脉硬化。俗话说："有钱难买老来瘦。"老年人要忌大肉大荤，限食动物内脏，以植物油、鱼类、瘦肉为宜
4	宜少不宜多	老年人消化功能减弱，少食有两大好处：一是防止肥胖，二是减轻胃肠负担（中医认为脾胃为后天之本）。因此，宜少食多餐，少而精，不能饱食而卧
5	宜温不宜冷	老年人肾虚，不论是肾气虚还是肾阳，都以热食为好（热属阳，向上动等）。老年人由于脏腑功能减弱等特点，尽量不要饮食过凉，哪怕是酷暑，冰棒、冰镇西瓜等也不宜多食
6	宜鲜不宜陈	老年人和小孩一样，脏腑功能较弱，容易受伤、发病，因此，饮食等以鲜者为好，陈者易生变

📖 知识06 提高老年人的食欲

老年人的饮食和营养，是家政服务员必须面对的一个重要问题，很多老年人都有食欲不振的情况，提高老人的食欲是做好老年人饮食营养护理的第一步。

1. 保证营养摄入

有些老年人只吃清淡素食，不吃肉、鸡蛋、牛奶等，这种偏食习惯不符合生理上对营养的需要，甚至影响食欲。老年人易患病，摄入的药物又较多，缺锌较普遍，所以总觉得吃东西不香，味觉减退，食欲不振。因此，膳食制作应从营养构成全面、卫生、无害等方面考虑。选料要新鲜，品种要齐全，尽量翻新花样，做到荤素搭配、粗细粮结合、粮菜混吃。

2. 保持咀嚼功能

人到老年牙齿会松动或脱落，影响对食物的咀嚼，使味觉逐渐减退，从而造成食欲不振。

对老年人来说，菜、肉等烹饪原料不宜切得过大，应切成小块、碎末、细丝、薄片。家政服务员在烹制过程中要注意油温、火候的调节，讲究烹调技术，尽量使食物达到软、嫩、烂的程度，使食物酥软，到口

一嚼就能散碎，便于老年人细嚼慢咽，促进唾液分泌，利于消化。

3.保持口腔卫生

一个不清洁的口腔是尝不出食物滋味的，因此，家政服务员可指导老年人在刷牙时再刷一刷舌面。刷舌不仅对增加味觉很重要，而且可以减少舌表部的微生物，对预防龋齿也有帮助。

4.刺激嗅觉与味觉

由于老年人的嗅觉与味觉不太敏感，因此，食物的颜色、形状应悦目引人，菜肴中添加的作料和调味料要浓些，但要少油腻，应尽量使饭菜"香气扑鼻"，这样可以诱发老年人的食欲。

调味品中可选用桂花、玫瑰、陈皮、枸杞、丁香、姜末、八角、茴香、料酒、花椒和香油等，但应注意少用盐和糖。

5.保护咽部

老年人的咽部敏感性下降，因而食物中即使有异物进入咽部也不易感觉到，这样很容易造成伤害。因此，在制作老年人膳食时，一定要将烹制原料中的骨、刺、核等物去掉。

知识07 老年人用餐护理的主要工作

1.鼓励有自理能力的老人自己用餐

有些家政服务员护理有上肢功能或视力障碍的老人时，见他们吃起饭来很吃力，就不自觉地想给他们喂饭。其实，这并不是最好的护理方式。事实上，家政服务员应协助老人自己进食，这样才能使老人身体的机能得到恢复，最终实现生活自理。

2.给老人创造良好的用餐环境

家政服务员在护理老人进餐时，室内要保持整洁，空气要新鲜，必要时应通风换气，排除异味，室温要适度，气氛要轻松。

3.帮助老人养成良好的饮食习惯

要改变多年形成的饮食习惯是很不容易的，家政服务员要根据具体情况帮助老人改变不适宜的饮食习惯，还要给老人解释清楚调整饮食的原因及重要意义，让其相信改变既往的饮食习惯对获得健康的必要性。

4.协助老人采取舒适的进食姿势

家政服务员可使用折叠床、靠背垫、枕头、坐垫等帮助老人保持能使食物容易咽下的姿势。用餐时，要确保老人的上半身稍微前倾。如果老人的上身后仰，则食物容易进到与食道相邻的气管里，从而出现误咽现象。

📖 知识08 老年人用餐护理的基本要求

① 用餐前避免为老人做伴有痛苦、不安、兴奋的治疗和处置。

② 保持老人口腔清洁。如果老人口腔不清洁，容易引起口腔疾病，并影响唾液分泌。口腔干净、清爽能使人心情舒畅，也会增强食欲。

③ 装盘、盛饭要讲究美观，具有一定的观赏性，以此调动老人的食欲。

④ 根据食物的性质调节其温度，味觉与食物的温度有一定关系，如甜味食物在30 ～ 40℃时感觉最甜；咸味和苦味食物则温度越高感觉越淡，温度越低感觉越浓；酸味则与温度变化没有多大关系，不过温度高了，刺激会稍微大一些。

⑤ 尽量让老人和家人一起用餐。

⑥ 家政服务员要着装整洁、干净利索，系上干净的围裙，以亲切、和蔼的态度对待老人；适当与老人交谈，唤起老人的食欲；协助老人进食时不要催促老人，一定要让老人细嚼慢咽。

⑦ 饭后家政服务员和老人都要洗手，还要督促老人勤刷牙，防止口臭。

⑧ 家政服务员在老人用餐过程中要注意观察老人的食欲和咽食情况，如有异常，随时通知老人的家人或护士（住院护理时），并注意采取预防措施。

📖 知识09 老年人用餐的护理要求

① 到用餐时，对能走路的老人，应尽量让他们自己摆上碗筷、端饭菜，饭后自己收拾饭桌；

② 对行走不便的老人，要搀扶着或用轮椅接送，并帮助他们摆上食物，收拾碗筷；

③ 对患有上肢功能障碍的老人，要给他们提供各种自助餐具，协助他们用餐。

知识10 不同状况下的用餐护理要求

不同状况下的用餐护理要求见表10-4。

表10-4　不同状况下的用餐护理要求

序号	类别	具体护理要求
1	有上肢运动功能障碍的老人	老人患有麻痹、挛缩、变形、肌力低下、震颤等上肢障碍时，自己摄入食物易出现困难，但有些老人还是愿意自行进餐。此时，可以自制或提供各种特殊的餐具，如老人专用的叉、勺等，其柄很粗，以便于握持，也可将普通勺把用纱布或布条缠上；有些老人的口张不大，可选用婴儿用的小勺加以改造。使用筷子的精细动作对大脑是一种良性刺激，因此，应尽量维持老人的这种能力，可用弹性绳子将两根筷子连在一起，以防脱落
2	有视力障碍的老人	对于有视力障碍的老人，做好单独进餐的护理非常重要。家政服务员首先要向老人说明餐桌上食物的种类和位置，并帮助其用手触摸，以便确认。要提醒老人注意粥汤、茶水等容易引起烫伤的食物，食物中的骨头或鱼刺应剔除
3	对吞咽困难的老人	① 给老人提供容易下咽的食物。家政服务员烹调时尽量把食物切细些、煮烂些，还可以用芡粉把食物做成糊状。 ② 采取容易咽下的姿势。一般采取坐姿或半卧位比较安全，偏瘫的老人可采取侧卧位，最好是卧于健康侧。进食过程中应有家政服务员在旁观察，以防发生事故。 ③ 让老人细嚼慢咽。喂饭时不能着急，要一点一点喂，并确认是否咽下。如果老人对进餐有恐惧感或厌恶感，应设法帮助老人消除这些精神障碍。 ④ 进餐前应先让老人喝水湿润口腔，对于脑血管障碍以及神经失调的老人更应该如此

🎈 **专家提示** ▶▶▶

　　帮助有视力障碍的老人用餐，应尽量让他们自己吃，并尽量给他们提供用餐方便的食物，如三明治、面包、馒头、包子、饺子等。为便于他们用餐，最好把食物的摆放位置固定下来。比如，可以根据老人喜欢吃的程度，将食物按顺时针或逆时针方向摆放，也可以把米饭放在左边，把流食放在右边，并让老人用手触摸确认。

📖 知识11 如何照料老年人饮水

　　家政服务员应让老人白天多补充液体，晚餐后根据具体情况决定老人的饮水量。即使是健康的老人，也应向其说明喝水的重要性，积极督促老人喝水，并对高龄老人的脱水现象予以高度重视。

　　老人由于机体的衰老，细胞萎缩、脱落，体液含量低于青年人，同时心、肾功能低下，导致机体调节功能障碍，因而比青年人更容易出现脱水现象。但是，高龄老人平时一般感觉不到脱水，一旦发现症状为时已晚，并可能导致死亡。对此，家政服务员应特别注意。

1.如何判断脱水

　　判断是否脱水，有一种简单的方法，就是看嘴唇是否发干、眼窝是否凹陷，或者先将皮肤捏起，再松手，看出现的皱纹是否能迅速复原。家政服务员每天都要注意观察老人，如发现脱水现象，就必须立刻补充水分。

2.预防脱水的措施

　　① 认真做好个人水分摄入记录表，有计划地安排饮水；

　　② 可以把老人一天所需的水装在容器里，让老人从早到晚分几次喝掉；

　　③ 如果出现呕吐、腹泻等容易引起脱水的疾病，要引起高度重视；

　　④ 不能用口腔饮水时，要根据医生的指示进行非经口腔的水分补充（如静脉注射等）。

📖 知识12 如何照料患高血压的老年人的饮食

　　高血压是一种很常见的疾病，常见于老年男性，这种疾病给老年人的

健康造成很大的影响，所以家政服务员对于老年人患高血压要引起重视。

（1）蚕豆治疗高血压　取蚕豆花30克，泡水茶饮。

（2）鲜葵花叶治疗高血压　采用鲜葵花叶50克，加水煎服，早上和晚上各十次。

（3）鲜萝卜治疗高血压　用鲜萝卜适量，将其榨汁饮服，1日2次，每次1小酒杯。

（4）海带丝治疗高血压　海带丝1小碗，草决明15克。两味同煎，吃海带，喝汤，每日1次。

（5）芹菜治疗高血压　采用芹菜50克，大米50克，将芹菜洗净去叶与大米煮成粥；叶子洗净煎汁，待粥煮沸后加入即可。

（6）菊花治疗高血压　取菊花植物嫩芽15～20克，冲洗干净后，放沙锅内加适量清水及食盐少许，煮成汤，饮汤即可。

操作技能 ▶▶▶

技能01　对吞咽困难老人的饮食护理方法

吞咽能力低下的老人很容易将食物误咽入气管，尤其是卧床老人，舌控制食物的能力减弱，更易引起误咽。家政服务员对吞咽困难老人的饮食护理方法见表10-4中"3"。

技能02　对能坐起来用餐的老人的护理步骤

餐前要准备好以下物品：汤匙、叉子、筷子、茶杯、围巾、毛巾、防滑垫、防水布、痰盂。只要老人喜欢，用什么样的都可以，但必须是没有破损的、干净的餐具，其操作步骤如图10-1所示。

技能03　对卧床老人的用餐护理步骤

首先询问老人是否要排泄，用餐前应先排泄。其次要给老人整理床铺，给老人盖好被子后，开窗换空气。然后护理员和老人都要洗手。其用餐操作步骤如图10-2所示。

步骤一	开窗户换空气，调整好室内温度
步骤二	整理床铺，收拾床头柜和餐桌，摆好餐具、防滑垫、防水布等
步骤三	就餐前帮助老人排泄、洗手和漱口
步骤四	为老人系上围巾
步骤五	确认饭菜的温度是否适宜，要是太烫的话，应先放一会儿，以免饭菜过热，烫伤老人
步骤六	最好让老人坐着吃，因为坐姿可以扩大视野，也有助于消化
步骤七	收拾碗筷后，帮老人刷牙、漱口，撤餐具

图 10-1　对能坐起来用餐的老人的护理步骤

步骤一	让老人侧身躺下，把卷好的毛毯或被子垫在身后。如果一侧面部麻痹，应向健康侧躺下，不要向麻痹侧躺下
步骤二	床上铺毛巾或防水布，在老人的胸前垫一块毛巾
步骤三	在喂饭之前，让老人先看一眼食物，以诱发食欲
步骤四	为了咽食畅通，湿润口腔和食道，促进唾液和胃液的分泌，饭前应先让老人喝茶、喝汤。喝水的时候，如果老人有力气吸，就用吸管；如果老人没有力气吸，就用汤匙喂。用汤匙时，让老人抬起舌头，把汤送进舌底下，以免汤顺着嘴角流出来。用吸管时注意水的温度，以免发生烫伤
步骤五	喂食要仔细观察咀嚼和咽食情况，一勺一勺慢慢地喂，并把干食和流食交替喂，喂饭时不要沉默不语，要经常问一问"还要吃什么""好吃吗"等，并鼓励老人多进食。喂饭时，为了避免筷子和汤匙碰撞牙齿和牙床，应让老人张大嘴，把食物放在舌头上面，并随时观察咽食情况，以免食物滞留在麻痹侧
步骤六	饭后要询问老人的饥饱程度、满意程度及对护理的感受，以便下一次改善服务
步骤七	收拾碗筷后，帮老人刷牙、漱口，撤餐具及胸前的毛巾（或餐巾纸），让老人变换体位，稍作休息

图 10-2　对卧床老人的用餐护理步骤

第二节　生活料理

基础知识 ▶▶▶ --

知识01　**怎样照顾好老人洗澡**

家政服务员可根据老人的情况进行淋浴、盆浴及床上擦浴等。这里主要讲对偏瘫（中风）老人的洗澡护理。

1.淋浴、盆浴

（1）检查老人有无异常　如有以下情况，必须避免洗澡：

① 身体非常虚弱，心跳加快，呼吸困难，发烧等；

② 严重的贫血、出血性疾病及感染性疾病；

③ 跌打创伤（包括褥疮）；

④ 收缩压在200毫米汞柱（mmHg）以上；

⑤ 空腹及饱餐后。

（2）调好浴室、更衣室的温度　即使是冬天也要保持在22～24℃，尽量缩小两室的温差。

（3）要采取安全措施　地面要保持清洁、干爽，如地面湿滑，老人容易跌倒、摔伤，地面和浴盆里要铺上防滑垫。另外，在浴盆周围和洗浴室、更衣室的墙上要安装扶手。

（4）准备物品　一套干净的衣服、浴巾、毛巾2条、浴室用椅子（最好高度与浴盆保持一致，以便进出浴盆方便）、洗脸盆、搓脚石、香皂、浴液、洗发液、宽的布腰带等。

2.床上擦浴

对有皮肤病、褥疮及身体很虚弱而无法进行淋浴、盆浴的老人，应采用床上擦浴的清洁方法。其要求如下：

① 擦浴前应准备好以下用品：洗脸盆2个，水桶2个（分别装干净水和污水），大浴巾2条（床上铺1条，身上盖1条），香皂或浴液，指甲

刀，梳子，50%的酒精，护肤用品（爽身粉、润肤剂），干净的衣裤1套和被褥。

② 先进行脉搏、体温、血压等的测定，确认老人身体有无异常。

③ 询问老人是否要排泄。

④ 把老人移到床的一边。

⑤ 分别在两个洗脸盆里装热水，水温在50℃左右。

知识02 照顾老人休息

1.老人睡眠的特点

要照顾好老人的休息，家庭服务人员首先应了解老年人的睡眠特点。

① 容易惊醒，醒后难以再入睡；

② 刚睡时很疲倦，但只睡着不到1小时就醒了；

③ 看电视容易打瞌睡，可是上床又不能入睡；

④ 早上4点钟可能就醒了，夜间很容易醒。

2.照顾好老人睡眠的方法

（1）保证老人的休息环境　老人的休息环境应保持清洁、安静、空气流通，家庭服务人员要及时整理老人的房间，保证温度适中、通风好等。具体要求如见表10-5。

表10-5　保证老人休息环境的要点

序号	环境要素	指标要求
1	温度	室内温度以18～20℃为宜，夏天可相对高些（22～24℃），以缩小室内外温差
2	湿度	室内最佳湿度为50%～60%。适宜的湿度可使人感到清爽、舒适。为了增加室内的空气湿度，可使用空气加湿器，也可通过在地上洒水、暖气上放水槽或放湿毛巾等来增加湿度
3	通风	新鲜的空气对老年患者尤为重要。晨起开窗通风，可排出室内废气，让新鲜空气补充进来。一般居室开窗20～30分钟，室内空气即可更新一遍。对身体较弱的老人，通风时可暂到其他房间，避开冷空气的刺激，这样既可以保持室内空气新鲜，又不致受凉感冒
4	噪声	一般老人喜静，对有心脏病的老人，安静则是一种治疗手段。家庭中创造一个宁静、幽雅的环境，有利于老人休养

续表

序号	环境要素	指标要求
5	采光	老人居住的房间，最好是采光比较好的居室，室内阳光照射对老人尤为重要。如果打开玻璃窗让阳光直接照射室内，阳光中的紫外线还有消毒、杀菌的作用
6	床	老人应选用硬床，以睡在床上床垫不下陷为好。床的高度应在膝盖下，与小腿长度相等，过高、过低都会使老人感到不便，增加摔倒的可能

（2）保证睡眠充足

① 根据老人的睡眠习惯，调整作息时间，保证每天有6小时睡眠和1小时午睡；

② 提醒老人睡前不要喝咖啡、浓茶，可稍进点心和热牛奶，冬天用热水泡脚，以助入眠；

③ 提醒老人注意正确的睡姿，最好头朝东睡，仰卧有助于健康。

知识03 陪伴老人进行户外活动

老年人为了强身健体经常要进行户外活动和健身。家政服务员陪伴老人进行户外活动的首要任务就是保证老人的安全。

① 掌握当日天气情况，并根据天气情况准备必要的物品，同时要合理安排时间，避免时间太长。

② 依据活动内容准备用品。如练剑，家政服务员要为老人准备好剑、手套、毛巾等物品。

③ 如果老人要骑自行车，家政服务员要将自行车搬到楼下，并将自行车擦拭干净。

④ 如果老人需乘坐公交车外出，家政服务员要为其准备好零钱、老年证或公交卡等。

⑤ 为老人准备好运动鞋，鞋底以有弹性而不滑为佳。

⑥ 对有心脑血管疾病的老人，外出时应带上心脏病保健药盒和相关药物。

知识04 陪伴老人就医

老年人多体弱多病，经常需要到医院看病或检查身体等，因此需要家政服务员陪伴就医。

1. 准备工作

① 要了解当日的天气情况，并根据天气情况准备必要的路途用品，如雨伞、拐杖、太阳帽、衣物等。对心脑血管病患者应带上心脏病保健药盒及相关应急药物。

② 要带好疾病诊疗本、检查报告单或病历等，还要带好医疗证或保健卡和医院的挂号证，以及合适的费用。

③ 家中如无人，外出前要仔细检查燃气、水、电开关是否关好，门窗是否锁好，要确保无火源。不能因外出时间短而忽略上述安全检查。

2. 陪伴就医

① 行走要平稳，切忌匆匆忙忙，如老人行动不便要给予搀扶。

② 乘坐公共交通工具，尤其是乘坐公交车时，上下车必须搀扶着老人，上车后要将老人安排坐好或让其扶好站稳，或请同车的乘客帮忙搀扶，再去购买车票、刷卡。

③ 到达医院后，先安排老人坐稳休息，再去挂号。如老人有意识障碍，则待老人休息好后，搀扶着老人一起去挂号，以防止在去挂号期间老人发生意外。

④ 就诊时一般先由老人自己主诉，如老人出现遗忘，应协助老人诉说病情，告知医生老人近日的饮食、睡眠、用药等情况。

⑤ 医生诊疗过程中要认真记录医嘱，如注意事项、用药剂量、用药时间、饮食要求、复诊时间等。

⑥ 诊治结束后让老人坐好休息，再去划价、交费和取药，如果需要住院或有一些特殊情况的医嘱，应尽快通知老人的家属。

3. 陪伴就医注意事项

① 注意行走路线及沿途标志和方向，避免迷路。

② 老人如存在意识障碍，家政服务员必须保证在就诊的全过程不离开老人，以保证老人不会迷失。

③ 就诊时必须牢记医生的医嘱，最好将医嘱逐条写在纸上，避免遗漏。如需住院治疗要先行通知老人的家属。

知识05 照顾老人服药

老年人由于各组织器官逐渐衰退，抗病能力下降，疾病出现的机会相对增多，服药的机会也就较多。因此，照顾老人吃药也是家政服务员的一项日常护理工作，具体的注意事项如下。

1.遵照医嘱，安排老人按时吃药

将老人每日应服的药按时间排好，然后按时提醒老人服用。

2.密切注意药物的副作用

① 老人服药后可能出现的副作用会比年轻人增多，因此在就诊时应向医生说明以往病史，如听力差、青光眼、糖尿病等，避免医生用药不当；

② 在老人服药期间应密切关注老人的症状，若出现药物反应，及时采取措施或送往医院。

3.控制安眠药的服用

有的老人患有失眠症，常服用安眠药辅助自己睡眠，这对身体健康没有好处。安眠药会引起不同程度的精神不适，不能无限期地使用，更不能任意增加剂量。家政服务员应针对老人的失眠原因，采取相应的治疗措施，控制老人服用安眠药。

4.慎用滋补药

目前市场上的滋补药种类繁多，应用广泛，但这类药物不能代替日常食物和体育锻炼。因此，家政服务员应提醒老人科学锻炼，合理饮食，讲究食物质量，合理搭配，而不要完全依赖保健药和滋补药品。

5.给老人配备"保健盒"

① 对于患有冠心病的老人，应在其衣袋内装一个保健盒，盒内备一些治疗心绞痛的常用药物，以便老人在外出时预防和治疗心绞痛的发作；

② 家政服务员应让老人明白盒内药物的使用方法和作用，以免在发生意外时误服；

③ 保健盒放在口袋内，由于体温的作用，易使药物变质失效，要依气温的不同每3～6个月更换一次盒中药品。

知识06 老人突发情况的应对

1.突然中风

中风，又称脑中风或脑卒中，是老年人常见的一种致残和死亡率较高的急性脑血管疾病。它包括脑出血、脑栓塞、蛛网膜下腔出血等。

专家提示 ▶▶▶

> 如果病人神志不清，不能给病人喂食或喝水，防止进入气管造成窒息或吸入性肺炎。

（1）中风的特点

① 猝然昏倒，不省人事或突然嘴歪眼斜，半身不遂，舌头发硬，语言不流利等；

② 来势凶猛，病情危重，严重危害老年人的生命。

（2）应对措施

① 卧床。当老人突然摔倒时，应将老人轻轻扶起放在床上，平卧，不用枕头，头偏向一侧；松开领扣，卸除假牙，清除呼吸道内的分泌物，保持安静。

② 及时与医院联系。一旦老人发生中风，应立即拨打急救中心电话或距离最近的医院的急救电话，最好能就地抢救，不搬动老人，以防加重脑出血。

2.突发心肌梗死

（1）心肌梗死的主要临床表现

心肌梗死是由于长久而严重的心肌缺血而引起的部分心肌坏死。其表现为：

① 胸痛，表现为胸骨后压榨性疼痛，持续时间长，经休息或服用硝酸甘油后并不能缓解，同时伴有大汗、烦躁不安等情绪改变；

② 少数病人无疼痛，仅出现面色苍白或发青，皮肤湿冷，脉搏细速，血压下降，尿量减少，反应迟钝甚至昏迷；

③ 发病后1～2周内多发生心律失常，发病24小时内发生率最高，也最危险，是心肌梗死的致死原因之一。

（2）应对措施

① 让病人安静躺下，不做任何活动，不搬动病人；尽快与医院或急救中心联系。

② 缓解症状。舌下含服硝酸甘油药物。

③ 积极抢救生命。密切观察病人的病情变化。

（3）心肌梗死病人出院后应注意事项

① 做到饮食清淡、新鲜，避免甜食、咸食、过辣，多食低脂肪、富含维生素的食品，不宜饱食；

② 运动应适度，禁止过度劳累，可打太极拳、散步、做轻体力的家务劳动等；

③ 戒除不良嗜好，如吸烟、嗜酒、赌博以及饮用含咖啡因的饮料等；

④ 定期到专科门诊复查，按医嘱坚持长期的治疗，随身要常备硝酸甘油等扩张冠状动脉药物；

⑤ 保持健康的心理状态，切勿大喜大忧，保持稳定的情绪。

📖 知识07 老年人心理护理

随着年龄的增长以及退休、丧偶等一些事件的发生，老年人在生理（身体）上发生了一系列的变化，同样在心理上也会产生一些改变，消极情绪增加，性格也会发生变化。家政服务员应该了解老年人在心理上产生的这些变化，并能对这些变化采取一定的措施。

1.老年人常见的心理问题

老年人常见的心理问题见表10-6。

表10-6 老年人常见的心理问题

序号	心理问题	产生原因
1	失落感	老年人随着年龄的增长，年事高，阅历多，由此产生一种尊严。但是退休后老年人由于与社会联系少、经济收入减少、社会地位改变等，便产生一种失落感，经常听见老年人说"老糊涂了，不中用了"等
2	孤独感	退休后由于生活范围的缩小，子女与其分居，身体状况欠佳而活动减少，尤其是丧偶会使老年人感到更加孤独无助，产生一种被抛弃、被冷落的感觉

续表

序号	心理问题	产生原因
3	隔绝感	老年人随着社会活动的减少，接收的信息也减少，而由于感知觉（嗅觉等感觉）功能的减退，视、听方面反应也迟钝，很多老年人将自己封闭起来，活动也下降到最低水平，对外界持一种冷漠的态度
4	对衰老和疾病的忧虑、恐惧感	进入老年后，很多人都担心疾病的到来，对自己的健康表现出信心下降，同时也会考虑很多关于生病后的问题，比如，生病后经济上谁负担、生活上的不方便由谁来照顾、是不是生病后就会死亡，等等

2. 老年人常见心理问题的护理

在心理护理中最重要的是沟通，家政服务员沟通时要注意：

① 沟通的态度要真诚、友善，要有礼貌，并以老人习惯或喜欢的方式进行，使老人感到真诚、关注和尊重；

② 倾听老人诉说要专心、耐心，倾听时不要东张西望、心不在焉；

③ 与老人说话语句要简短、扼要，言语要清晰、温和，措辞要准确，语调要平和，声音不要太高；

④ 谈话时要保持面对老人，以便相互之间能看到对方的面部表情，以增强沟通的效果；

⑤ 向老人询问时，要把问题说得简单、清楚；

⑥ 与老人交谈中要不断核实自己是否准确理解了老人表达的意思，如果没听清楚老人的话，可请老人再说一遍；

⑦ 当老人心情不好，生病或感到害怕、恐惧时，家政服务员应陪伴老人并适当地运用触摸如握着老人的手等，以缓解老人的情绪，但注意不要抚摸老人的头，因为这可能触犯老人的尊严；

⑧ 及时用点头、微笑或语言向老人反馈自己的感受，同时也要学习适当地接受来自老人的触摸；

⑨ 不要在老人能看见的地方与其亲友或工作人员窃窃私语，以免使老人误解而引发矛盾；

⑩ 与老年人谈话要用与成年人同样的平等方式，不可像对待小孩子一样与老年人沟通，否则会使老年人的自尊心受到伤害；

⑪ 如老人表达出的意见不正确时，不可立即反驳、纠正或与老人争

步骤一	浴盆内放上水，将水温调至 40～45℃
步骤二	询问老人是否需要排泄，若需要，协助老人排泄
步骤三	帮助老人脱衣，然后带其进入浴室
步骤四	边调水温，边用热水冲洗椅子，让老人坐在椅子上，从脚部起往身上淋水，洗完下身后进浴盆浸泡
步骤五	帮老人进浴盆。如果老人自己能进浴盆可以让其自己进浴盆，但要告知其正确的方法：老人要坐在浴盆外面的洗浴台上，用健侧的手抓住浴盆周围的扶手，先把健侧的腿放进浴盆里，然后用健侧的手抬起麻痹侧的腿放浴盆里。如果老人自己进浴盆不方便，护理员就要协助老人进浴盆。具体操作方法是： ①护理员要站在老人的身后，用双手抱住老人的腰部或抓住缠在老人腰部的宽腰带，把老人慢慢扶起后，让老人坐在浴盆边缘的台上； ②让老人用健侧的手抓住扶手，护理员用一只手抓住缠在老人腰部的宽腰带，扶住老人的身体，另一只手抬起老人麻痹的腿慢慢地放进浴盆里； ③护理员从老人身后用双手抱住老人的腰部或抓住缠在老人腰部的宽腰带，慢慢地把老人放进浴盆里
步骤六	洗澡。用香皂或浴液为老人擦洗身体后，要用水（40～45℃）反复冲洗其身体，并再次让老人浸泡在浴盆里暖和身体(5分钟左右即可)。洗浴时，如果老人发生头晕、恶心、呼吸困难等症状，要立即结束洗浴，但不要让老人的身体骤然受冷，先用浴巾裹住其身体，休息一会儿，等平静下来后，再把老人送回房间，测量一下脉搏、体温、血压等。如果老人晕倒在浴盆里，不要慌张，也不要随意搬动，先拔掉排水栓将浴盆里的水排出，同时向医护人员或家庭成员求助
步骤七	出浴盆。老人泡浴的时间掌握在10分钟左右，如果浸泡过久，容易导致疲倦。如果老人自己不能从浴盆里出来，护理员要予以协助，具体操作方法是： ①让老人用健侧的手抓住扶手，用健侧的腿支撑身体。 ②护理员要站在老人的身后，用双手抱住老人的腰部或抓住腰带，与老人同时用力，把老人慢慢从浴盆里扶起来，使其坐在浴盆边缘的台上。 ③护理员一只手抓住缠在老人腰部的腰带，扶住老人的身体，另一只手抬起老人麻痹侧的腿慢慢地从浴盆里出来。护理员要站在老人的对面，把老人的双腿微分开，把自己的一条腿插进老人双腿之间，用双手抱住老人的腰部或抓住缠在老人腰部的宽腰带，把老人慢慢扶起，然后让老人坐在椅子上
步骤八	从浴盆里出来后迅速将老人身体擦干，为其穿上干净的衣服
步骤九	穿衣后，扶老人回房间休息
步骤十	洗浴之后要及时为老人补充水分，并再次进行脉搏、体温、血压等的测定，观察其有无异常

图10-3　照顾老人洗澡的护理步骤

论，以免使老人困窘或不满；

⑫ 在沟通中若遇老人一时回想不起来的语句，家政服务员可适当给老人一些提示。

🔍 操作技能 ▶▶▶

🔍 技能01 照顾老人洗澡的护理步骤

家政服务员在照顾老人洗澡时，可按图10-3所示的护理步骤进行。

🎈 专家提示 ▶▶▶

老人一个人洗浴时，要嘱咐其不要插上浴室门，一旦有异常情况应立即通知护理员，最好在浴室内安上呼叫铃。

🔍 技能02 给老人擦浴的护理步骤

护理员给老人擦浴时要按照脸→耳→臂→颈→胸→腹→腿→背→腰→臀→会阴部的顺序擦。具体步骤如图10-4所示。

步骤一	先擦洗脸及颈部，擦眼部时由内侧眼角向外侧眼角擦洗，并注意耳后及颈部皮肤皱褶处的清洁
步骤二	协助老人脱下上衣，先脱近侧，后脱远侧；如老人肢体疼痛或有外伤，应先脱健侧，后脱患侧。在擦洗部位下垫上大毛巾，依次擦洗两上肢和胸腹部，继而协助老人侧卧以擦洗后颈、后背和臀部。擦洗时先用涂有浴皂的湿毛巾擦洗，然后用湿毛巾擦去皂液，再用清洗后的毛巾擦一遍，最后用干浴巾边按摩边擦干
步骤三	上身擦洗完毕后为老人换上清洁衣服，先穿患肢，后穿健肢
步骤四	协助老人脱裤，擦洗下肢、双脚，擦完后换上干净裤子，然后换水，用专用的盆和毛巾擦洗会阴部
步骤五	帮老人穿衣、梳头，必要时剪指甲及更换床单，清理用物，放回原处
步骤六	为老人补充水分，确认其有无异常症状

图10-4　给老人擦浴的护理步骤

专家提示 ▶▶▶

① 尽量让老人保持舒适的体位；

② 尽量保护好个人隐私，要拉好窗帘，如果在福利院或医院多人同住的情况下，可以用帘或屏风挡住别人的视线；

③ 每擦洗一处，均应在其下面铺上浴巾，以免将床单弄湿；

④ 及时更换或添加热水，保持水温，避免着凉；

⑤ 注意观察老人的皮肤有无异常，擦洗完毕，可在骨突处用50%的酒精做按摩，防止出现压疮；

⑥ 注意观察老人的情况，若出现面色苍白、发冷等，应立即停止擦洗，并采取保暖措施；

⑦ 擦洗动作要敏捷，用力适当，从末梢往中枢方向擦，注意擦洗身体凹凸部位和皮肤重合的部位，并注意避免老人不必要的暴露，防止受凉。

技能03 陪伴老人活动

一般情况下老人进行户外活动多选择慢跑、散步、舞剑、体操等，较肥胖的老人比较适宜选择低强度、低能量、消耗型的运动项目，如快走、慢走、做健身操、郊游、骑自行车等。

① 老人在活动时，家政服务员要根据需要适当搀扶老人，帮助其开展活动前热身，如活动手臂关节、腰部、踝关节等；

② 老人在活动时，家政服务员要陪伴在其左右，并根据需要陪同老人一起活动，也可以帮助老人拿些物品；

③ 老人运动后，如有出汗，家政服务员应用干毛巾帮助老人擦干身上的汗水，并及时帮其穿好御寒衣服。

相关链接 ▶▶▶

老人运动安全的要求及注意事项

① 要合理安排户外活动的时间，但要避免时间太长。

② 要掌握天气情况，雨雪天、雾天、大风寒冷天气、酷热难耐时

最好不做户外运动。

③ 对有高血压、心脏病、糖尿病等健康问题的老人，应请专业物理治疗师指导运动方法、运动强度及注意事项。运动时应带心脏病保健药盒和相关药物。

④ 家政服务员若陪同老人外出，应依老人的心态与其闲谈，以保持老人心情舒畅，同时要密切关注老人的运动安全。

⑤ 运动的强度及时间要依个人的体能慢慢地增加，不要搞疲劳战术，不可勉强从事剧烈运动。平时锻炼少的老人，心肺、关节等功能都必须有一个适应过程，急功近利其效果只能适得其反。运动贵在坚持，老年人每周要保持3～5次运动，每次30分钟左右。

⑥ 运动场地要平整，安全设施要良好。运动前要有10分钟左右的暖身运动，运动后也要有数分钟的缓和运动。运动前或运动中如有头晕、胸痛、心悸、脸色苍白、盗汗等情形时，应立即舒缓停止运动。饭前、饭后1小时内不宜运动。老人如能够结伴或集体运动安全会更有保障。

⑦ 不要起得太早。因为心肌梗死、心肌缺血、心律失常等疾病是老年人的常见疾病，且早晨为其高发期。若为了锻炼起得太早，会诱发意外情况发生，甚至引发突然死亡。

⑧ 不要空腹锻炼，应准备食物和水，让老人在早晨开始锻炼前半小时吃些食物、喝杯开水为好。

⑨ 提醒老人不要骤然停止运动，运动后应继续做些缓慢的放松活动。

Domestic Helper

第十一章
护理病人技能

第一节 饮食料理

 基础知识 ▶▶▶ -

知识01 病人的膳食要求

病人的膳食通常可分为普通饭、软饭、半流质、流质四种。

1.普通饭

（1）适用范围　适用于体温正常、无消化道疾病、康复期、不需膳食限制者等。

（2）配膳原则

① 适合身体需要的平衡，含有充足的各种营养素；

② 一般正常的食品均可采用；

③ 避免应用强烈辛辣刺激性的食品或调味品；

④ 少用脂肪食品、油炸食品及其他不易消化的食物；

⑤ 烹调应多变花样，注意色、香、味，以增进食欲。

> **专家提示** ▶▶▶
>
> 病人的普通饭与正常人平时所用膳食基本相同，所占比例最大。热量及营养素含量必须达到每日膳食供给量的标准。应少食用一些较难消化的食物、具有刺激性的食物及易胀气的食物。

2.软食

（1）适用范围　适用于有轻微发烧、消化不良、口腔疾患或咀嚼不便的患者。

（2）配膳原则

① 食物要易于消化，便于咀嚼，因此一切食物烹调要切碎、烧烂煮软；

② 不食用粗纤维多的食物，忌用强烈辛辣的调味品；

③ 因蔬菜都是切碎煮软，维生素损失较多，故要注意补充，如多用维生素C含量丰富的食物：鲜番茄水、鲜果汁、菜水等。

3. 半流质

（1）适用范围　适用于体温稍高、身体较弱、不便咀嚼或吞咽大块食物有困难者，施行手术后及有消化道疾病患者。

（2）配膳原则

① 食物应极软，易于消化，易于咀嚼及吞咽。

② 对有消化道出血的病人，应采用少渣半流质；对患伤寒、痢疾的病人不能给含纤维及胀气的食物，如蔬菜、生水果等；对患痢疾的病人不能给牛奶及过甜、胀气的食品。

4. 流质

（1）适用范围　适用于急性感染、高烧、口腔咽部咀嚼困难、急性消化道溃疡或炎症、大手术后特别是腹部手术后的病人（包括妇产科）和危重病人等。

（2）配膳原则

① 食物呈液体或在口中融化为液体者；

② 需要少食多餐，每2～3小时供应一次，每日6～7次，每次200～250毫升；

③ 腹部手术者及痢疾病人，为避免胀气不给牛奶、豆浆及过甜的液体；

④ 喉部手术者，如扁桃体摘除手术后应给予流质（冷流质），同时禁用过酸、过咸的饮料，以免伤口刺激疼痛；

⑤ 凡用鼻管喂入的流质饮食，忌用蛋花汤、浓米汤，以免堵塞管道；

⑥ 流食所供热量及营养素均不充足，不宜长期采用。

📖 知识02 为什么病人进餐时要有汤有水

因为病人的运动量小，胃的消化很慢，病人进餐时喝一定量的汤水，有助于溶解食物，以便胃蠕动，将食物和胃液搅拌，进行初步的消化，并供应更多的水分，有利于食物在小肠中的消化和吸收作用。

📖 **知识03** **病人饮水的四个最佳时间**

病人饮水的最佳时间有以下四个。

（1）早晨刚起床　此时正是血液缺水状态。

（2）上午8时至10时左右　可补充工作时间流汗失去的水分。

（3）下午3时左右　正是喝水或喝茶的时刻。

（4）睡前　睡觉时血液的浓度会增高，如睡前适量饮水会冲淡积压液，扩张血管，对病人康复有好处。

🔍 **操作技能** ▶▶▶ --------------------------------

🔍 **技能01** **中药服药方法**

1.汤剂的服法

汤剂的服法大致分为三种：

（1）采用少量多次或浓煎后服用　煎煮后，将两次煎液合并混匀；

（2）顿服　将1剂汤药1次服下，以取其量大、快速起效之作用；

（3）连服　是指在短时间内连续给予大剂量药物的服用方法，意在短时间内，使体内达到较高的药物浓度。

服用汤剂还应特别注意服药的温度。汤剂的服药温度有热服、温服和冷服之分。具体见图11-1。

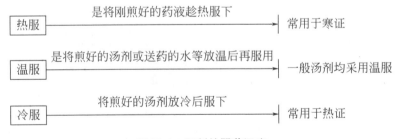

图 11-1　汤剂的服药温度

2.中成药的服法

中成药一般分送服、冲服、调服、含化及喂服等。

（1）送服　将药放入口内，用温开水或药引、汤剂送服。

（2）冲服　将药物放入杯内，用温开水、药引等冲成悬混液后服用。

（3）调服　将一些散剂用温开水或白酒、醋等液体调成糊状后口服。如安宫牛黄丸、紫雪丹等均用此法给药。

（4）含化　将丸、丹剂含在口中，让药慢慢融化，缓缓咽下。如六神丸、喉症丸、救心丹等。

（5）喂服　本法主要用于年老体弱或急危重症病人。是指将中成药融成液状，逐口喂给病人的一种服法。

技能02 口服给药服药方法

口服药是经胃肠道吸收达到治疗目的的药物，是最常用、最方便又较安全的给药方法。口服药物有固体药、水剂、油剂等。

1.固体药（片剂、胶囊、丸）

看好剂量后，直接用水冲服，最好先放入药杯或药盖内，不要用手直接拿取。

2.粉剂

先用水融化后摇匀再服用，如感冒冲剂等。

3.水剂

① 服前先将药水摇匀，左手持量杯，拇指置于所需刻度，高举量杯，使所需刻度和视线平行，右手将药瓶有标签的一面放于掌心，避免污染标签，倒药液至所需刻度处。

② 更换药液品种时，应洗净量杯。不可将不同的药液放至同一个药杯内，以免发生化学变化。

③ 药液用量不足1毫升时，为避免药液附着杯壁，影响剂量，可用滴管吸取药液计量，滴管应稍倾斜，使药量准确（1毫升按15滴计算）。

4.油剂溶液与按滴数计算的药液

可先在杯内加入少量冷开水，以免药剂附着于杯上，影响剂量。

技能03 给病人喂水的方法

不同的病人对水的需求量是不一样的，家政服务员要区别对待，要掌握对不同的病人的喂水方法。尤其是对患肾脏较弱、肝硬化合并腹水或者心脏衰竭的病人，其对水的需求量要特别小心，因为肾脏无法正常代谢水分，因此需依照医生的指示限定每日的喝水量。如遇到病人很渴的时候，可以用含冰块的方式，缓解口渴的感觉，同时控制水分摄取。服药则改在吃最后一口饭时，配一口汤一并服用。一般人用200毫升的水吞药，对肾脏病人来说就可能多了。

技能04 给病人喂饭的操作步骤

病人进食期间是进行饮食健康教育的最佳时机，家政服务员应有目的、有针对性、及时地解答和讲解病人在饮食方面的问题，帮助病人纠正不良饮食习惯及违反医疗原则的饮食行为。给病人喂饭的操作步骤如图11-2所示。

步骤一	先给病人喂一口汤以湿润病人口腔，刺激其食欲
步骤二	喂汤时先让病人张大口，且适当抬头，慢慢地把勺子从病人舌边缓缓倒入口中，放进病人嘴里，再慢慢地把勺子拿出来，切勿从正中直接倒入，以免呛入气管
步骤三	然后再喂其主食。喂饭时先将饭勺接触病人唇部，再将饭菜送入其口内

图11-2　给病人喂饭的操作步骤

专家提示 ▶▶▶

每次喂食的量和速度要适中，温度要适宜，饭和菜、固体和液体食物应轮流喂食。对双目失明或眼睛被遮盖的病人，除遵守上述喂食要求外，还应告知喂食内容以增加其进食兴趣，促进消化液的分泌。

技能05 给病人喂粉剂药的操作步骤

家政服务员在给病人喂粉剂药时，可按图11-3所示的操作步骤进行。

步骤一	在病人专用碗里倒入少量温开水，够喂药用的量就可以了
步骤二	将一次的药量倒入病人专用小勺中
步骤三	滴几滴温开水用搅药棒调成稀糊状斜靠在一边待用
步骤四	给病人戴上围嘴，免得弄湿衣服
步骤五	将小勺放到病人嘴边
步骤六	等到病人张大嘴时，家政服务员将勺子稍稍倾斜就喂进病人的嘴里了
步骤七	等病人吞咽后，可再喂两三小勺水，帮助药物流入咽部

图 11-3　给病人喂粉剂药的操作步骤

技能06 给病人喂水剂药的操作步骤

家政服务员在给病人喂水剂药时，可按图11-4所示的操作步骤进行。

步骤一	在病人专用碗里倒入少量温开水，够喂药用的量就可以了
步骤二	给病人戴上围嘴，免得弄湿衣服
步骤三	将一次水剂药的量倒在勺子里
步骤四	将勺子放到病人嘴边
步骤五	等到病人张大嘴时，家政服务员将勺子稍稍倾斜就喂进病人的嘴里了
步骤六	等病人吞咽后，可再喂两三小勺水，帮助药物流入咽部

图 11-4　给病人喂水剂药的操作步骤

技能07 用吸管给病人喂水剂药的操作步骤

家政服务员在给病人喂水剂药时，可按图11-5所示的操作步骤进行。

技能08 给病人喂胶囊制剂药的操作步骤

家政服务员在给病人喂胶囊制剂药时，可按图11-6所示的操作步骤进行。

步骤一	在病人专用碗里倒入少量温开水，够喂药用的量就可以了
步骤二	用吸管吸满一次药量的药液后斜靠在一边待用
步骤三	给病人戴上围嘴，免得弄湿衣服
步骤四	将吸管放到病人嘴边
步骤五	等到病人张大嘴时，将吸管口放在病人口腔颊黏膜和齿龈之间慢慢挤滴，注入病人口腔
步骤六	再给病人喂两小勺水即可

图 11-5　用吸管给病人喂水剂药的操作步骤

步骤一	在病人专用碗里倒入少量温开水，够喂药用的量就可以了
步骤二	可将胶囊一端用干净的剪刀剪开斜靠在一边待用
步骤三	给病人戴上围嘴，免得弄湿衣服
步骤四	将剪了口的胶囊制剂放到病人嘴边
步骤五	等到病人张大嘴时，将胶囊制剂直接沿嘴角或舌下滴入病人口腔
步骤六	再给病人喂两三小勺水即可

图 11-6　给病人喂胶囊制剂药的操作步骤

专家提示 ▶▶▶

家政服务员在给病人喂胶囊制剂药时，最好不要将药剂倒入温开水中混合给病人饮用。

技能09　煎普通中药的操作步骤

家政服务员在给病人煎普通的中药时，可按图11-7所示的操作步骤进行。

步骤一	把药放进药锅里
步骤二	加入超过药面 3～5 厘米的水
步骤三	根据药的情况浸泡 15～30 分钟
步骤四	一般先用旺火，煮沸后改用文火（调小火力）煮 20～30 分钟，同时中间要翻搅数次，以利于有效成分的溶出
步骤五	煎好后的药需要立即倒出药汁，不得离开火后停放一段时间再倒，这样会使药物回渗入药材中

图 11-7　煎普通中药的操作步骤

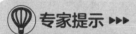专家提示 ▶▶▶

　　家政服务员在给病人煎药的时候还是要注意遵医嘱，以免错误的煎药方法导致药效失效。对于一些比较难煎煮的药物，可以在药店请专业人士煎煮。

第二节　生活料理

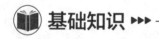基础知识 ▶▶▶ --------------------------------

知识01　病人晨间生活护理

　　晨间护理内容包括：早上起床后，先协助病人排便，然后进行口腔护理、洗脸、洗手、按摩全身、梳头、整理床铺，酌情开窗通风换气。

　　口腔护理对不同情况的病人有不同的要求，具体见表11-1。

表 11-1　不同情况的病人口腔护理的要求

序号	病人情况	护理要求
1	能自理或半自理的病人	① 对于能自理或半自理的病人，协助并鼓励其自己漱口、刷牙。 ② 对于清醒有意识的卧床病人，将其头偏向服务员一侧，病人颈下围干净毛巾，口角旁放口杯或脸盆接漱口水，帮助病人刷牙。 ③ 刷牙时，选用软毛牙刷，沿牙齿的纵向刷，自牙龈到牙冠，牙齿的内外侧、上下咬合面都要刷到
2	对瘫痪、卧床病人	① 协助病人侧卧，头侧向服务员一侧。 ② 将干毛巾围在病人颌下，以防弄湿被褥；用盘或碗置于病人口角处，以便病人吐出漱口水。 ③ 用湿棉球湿润口唇、口角，观察口腔黏膜有无出血、溃疡等现象。对戴假牙的病人应帮助其取下假牙，用冷开水冲洗、刷净，待病人洗漱后戴回。 ④ 让病人先用温盐水漱口，最好让病人自己刷牙，如果病人有困难就帮助他刷牙
3	对严重痴呆、不会刷牙的病人	① 用冷开水或1%的食盐水棉球或盐水纱布，裹食指擦洗病人口腔黏膜及牙的3个面（外面、咬面、内面）。手法是顺齿缝由齿根擦向齿面，再由舌面到舌根。注意防止病人咬伤手指。也可用蘸湿了的棉签擦洗口腔。 ② 对清醒的病人，可让其用吸管吸入漱口水，再将漱口水吐入口角边的盆内。对神志不清的病人，要防止他们将棉球误吸入气管，造成窒息。 ③ 刷牙后擦干病人脸部。 ④ 用手电筒检查口腔内部是否已清洗干净，再在其唇部涂石蜡油或甘油。有口腔溃疡者，可涂1%的龙胆紫或冰硼散。 ⑤ 有假牙的病人，在饭后或睡前取下假牙，次日早晨再替病人装上
4	口腔有假牙的病人	① 口腔有假牙的，要先取下假牙，用纱布包裹假牙面，先取上面，后取下面； ② 取下的假牙用洗牙液或清水洗净后放在冷开水中，不可用开水或酒精浸泡，以免变形

📖 知识02　病人晚间护理的要求

晚间护理是指在晚饭后、睡觉前所进行的清洁卫生护理，令病人舒适，促进睡眠。护理内容：洗脸、洗手、口腔护理、擦洗或冲洗会阴、全身擦浴或淋浴、盆浴。洗脸、洗手、口腔护理跟晨间护理一样。

知识03 淋浴和盆浴的要求

一般全身状况良好、身体较强壮者，可以进行淋浴或盆浴。

① 淋浴或盆浴须在饭后一小时进行，以免影响消化；

② 淋浴或盆浴前，协助病人排空大小便，以免洗浴过程中产生便意、尿意；

③ 为病人准备好洗浴用品，调节室温在24 ℃左右，水温为40～45℃；

④ 要交代病人不要闩门，以便在发生意外时可及时进入，如果情况允许，可与病人一同进入浴室，以保证病人的安全。

知识04 人的正常体温范围

① 人的正常体温范围：口测法为36.2～37.2℃，腋测法为36～37℃，肛测法为36.5～37.5℃。

② 37.4～38℃为低热，38℃以上为高热。

③ 人的体温虽然比较恒定，但人类个体之间的体温有一定的差异，少数人的标准体温可低于36.2℃，也可高于37.3℃。即使同一人，体温在一日内也不是完全一样的，昼夜间体温的波动可达1℃左右。

④ 正常情况下，人的体温在清晨2：00～6：00时最低，下午4：00～8：00时最高，但变动范围应在0.5～1℃。同时，进食后、运动或劳动、情绪波动时体温会上升，在睡眠、饥饿、禁食、卧床休息时体温会下降。老人因活动量少，机体代谢率低，体温比正常成年人略低。

⑤ 测量体温30分钟前应充分休息，避免喝水、进食、洗澡、擦浴、热敷、体力活动、情绪激动等。

知识05 给病人量血压的要求

一般最常用的是汞柱式血压计，气压表式血压计和电子血压计也常用。血压计的袖带宽度应能覆盖上臂长度的2/3，同时袖带长度需达上臂周径的2/3。如果袖带太窄则测得的血压值偏高，袖带太长则测得的血压值偏低。选择合适的测压环境：应让病人在安静、温度适当的环境里休息5～10分钟，衣袖与手臂间不应过分束缚，避免在应激状态下如膀胱充盈或吸烟、受寒、喝咖啡后测压。

知识06 褥疮护理的要求

1.卧床病人褥疮易发部位及原因

褥疮发生在长期受压和缺乏脂肪组织、无肌肉包裹或肌肉较薄的骨隆突处，如枕骨粗隆、耳廓、肩胛部、脊椎体隆突处、髋部、髂嵴、骶尾部、坐骨结节、内外踝、足跟部等。多由于患者全身营养及代谢的改变，长时间受压引起局部血液循环障碍而导致褥疮发生。

2.褥疮的预防与护理

褥疮的预防与护理要求见表11-2。

表11-2　褥疮的预防与护理要求

序号	类别	护理要求
1	勤翻身	翻身时应特别注意枕骨粗隆、耳廓、肩胛部、肘部、骶尾部、髋部、膝关节内外侧、内外踝、足跟部等骨隆突受压部位。卧床病人应每2小时翻身1次，夜间可每3小时翻身1次，注意动作要轻柔，避免拖、拉、推等动作，以免擦伤皮肤。骨突部位，应加用海绵垫，有条件者可垫上橡皮圈，以减轻局部受压
2	勤换洗	对大小便失禁的病人，要及时清除排泄物，避免因潮湿刺激皮肤。被排泄物污染的衣服、被褥、床单等应及时更换，保持病人皮肤清洁卫生，以免感染
3	勤整理	要保持床铺清洁、平整、干燥、柔软，每次帮病人翻身时要注意整理床面，使之平整、无杂物，防止擦伤皮肤
4	勤检查	每次翻身时要注意观察局部受压皮肤，发现异常时立即采取积极措施，防止病情发展
5	勤按摩	主要是按摩褥疮好发的骨突部位。按摩时用手掌紧贴皮肤，压力由轻到重，再由重到轻，做环形按摩。按摩后用30%～50%的酒精或红花油擦涂，冬天可选用跌打油或皮肤乳剂擦涂，以促进局部血液循环，改善营养，防止褥疮发生
6	加强营养	营养不良者皮肤对压力损伤的耐受能力较差，容易发生褥疮，所以，应给予病人高蛋白、高维生素饮食，并应协助病人摄足水分，以增加皮肤的抵抗力

续表

序号	类别	护理要求
7	协助做床上运动	鼓励病人做床上运动，不能活动者做被动肢体运动，不仅可以减轻组织受压，也可以促进血液循环
8	心理支持及健康教育	及时与病人沟通，了解其心理状态，对于拒绝翻身的病人，要讲明预防褥疮的重要性

知识07 如何正确使用氧气袋

患有心、肺、脑等疾病的病人常会因缺氧而急需供氧，尤其是在冬季。因此，病人家中可能会备个氧气袋，以供急救时使用。作为家政服务员，需要掌握氧气袋的使用方法。

① 使用前，将充满氧气的氧气袋的橡皮胶管接上消过毒的鼻导管，然后将鼻导管的另一端放入装有冷开水的杯子时，打开开关，若水中有水泡，表明氧气流出通畅；若不通畅，则需要换鼻导管。

② 在鼻导管置入鼻孔前，用棉签蘸少许冷开水清洗一下鼻孔，然后将鼻导管也蘸些冷开水以作润滑之用。

③ 病人插入鼻导管后，鼻腔内可能会有一点瘙痒、异物感，如无呛咳、打喷嚏，就可用橡皮胶布把鼻导管固定在上嘴唇处。

④ 氧气袋可枕于病人头下，以头的重量来压迫氧气袋使氧气流出。

🎈 专家提示 ▶▶▶

① 若是新买的氧气袋，应用清水洗净待干燥后再用；平时氧气袋要放在阴凉、通风、干燥处保存，避开热源和火种。

② 用过的鼻导管可用清水洗净，煮沸消毒后备用。

③ 为了防止鼻腔黏膜受损发炎，两侧鼻腔可轮流插鼻导管。

④ 病人在吸氧时，不能在附近吸烟、点火、点蚊香，以免发生火灾事故。

⑤ 不能平卧的病人，头部无法枕在氧气袋上，服务员应协助挤压氧气袋，或在氧气袋上放置适当重量的东西，以保证氧气流量。

⑥ 用完后及时充氧备用。

操作技能 ▶▶▶ -----------------------------

技能01 病人口腔感染情况及处理方法

家政服务员在给病人做口腔护理时，要学会观察病人口腔有无感染，然后根据不同情况进行处理，其处理方法见表11-3。

表11-3　病人口腔感染情况及处理方法

序号	情况	处理方法
1	久病的病人	可以用0.9%的生理盐水漱口，预防感染
2	口腔内有出血点的病人	可以用3%的双氧水漱口
3	久病，长期服用抗生素的有霉菌感染、口腔溃疡者	可用2%～4%的碳酸氢钠溶液漱口，在溃疡面涂上冰硼散或锡类散
4	有绿脓杆菌感染者	可用0.1%的冰醋酸漱口；昏迷和意识障碍的病人，严禁漱口

技能02 给病人洗脸的操作步骤

家政服务员在给病人洗脸时，可按图11-8所示的操作步骤进行。

步骤一	准备温水、毛巾、面盆
步骤二	先洗眼睛。眼睛是身体各脏器中最敏感的器官之一，所以擦洗动作要轻柔；毛巾不要滴水，以免水滴进入病人眼睛，让病人不舒服
步骤三	再依次擦洗鼻、耳、面部

图11-8　给病人洗脸的操作步骤

🎈 专家提示 ▶▶▶

要保持病人的衣服、被褥干燥，不要弄湿衣被。

技能03 给病人洗手的操作步骤

家政服务员在给病人洗手时，既可以擦洗，也可以浸泡。可按图11-9所示的操作步骤进行。

步骤一	先试一下水温是否合适，一般要求在 40～45℃，以免烫伤。注意观察手部皮肤有无损伤；特别是对于糖尿病病人，要防止皮肤破损引起感染
步骤二	在浸泡的过程中还要观察病人的指甲是否需要修剪，如果帮病人修剪指甲，不要剪得太深以免伤到皮肤
步骤三	浸泡 10～15 分钟后要再更一次换热水，清洗干净后用毛巾擦干

图 11-9　给病人洗手的操作步骤

技能04: 给病人按摩全身的操作步骤

给病人按摩可以让病人舒活筋骨，放松肌肉，促进血液循环。其操作步骤如图 11-10 所示。

步骤一	按摩时根据病人的耐受力，力度适中，手掌紧贴病人皮肤，不要和病人皮肤摩擦，压力由轻到重、由重到轻循环进行
步骤二	观察病人皮肤有无压疮，若局部有红、肿、触痛等压疮早期症状，按摩时不要在患处用力
步骤三	如果皮肤未破，应在发红之处按摩；如已破溃，可用拇指由近压疮处向外按摩。必要时每隔 2 小时按摩一次
步骤四	卧床时在已受压的骨突部位垫棉垫或气圈
步骤五	可以用50%的酒精或红花油按摩。将酒精少量倒入手掌中，按摩受压部位，直到酒精全部挥发变干为止
步骤六	帮病人翻身时，不要生拉硬拽，注意保暖
步骤七	一般神志清楚的病人，都会自然地改变体位,调整姿势。瘫痪、昏迷的病人，由于不能自主活动，服务员要帮助其翻身

图 11-10　给病人按摩全身的操作步骤

技能05: 给病人梳头的操作步骤

梳头可以去除头皮屑和尘埃，促进头部血液循环，增进上皮细胞的营养，增加美感和舒适感，还可以起到保健按摩的效果。其操作步骤如图 11-11 所示。

步骤一	病人若是短发，由发根向发尖梳理
步骤二	若是长发，先梳发尖，再依次梳向发根。注意不要刮伤头皮，动作要轻柔
步骤三	若病人的长头发缠结，可用 60° 以上的白酒润湿头发后再梳理

图 11-11　给病人梳头的操作步骤

技能06：给病人全身擦浴的操作步骤

全身擦浴可让病人清洁舒适，促进血液循环，加强皮肤排泄功能，预防褥疮和皮肤感染。对于病情危重以及手术后的病人，要避免沾湿伤口，防止感染。全身擦浴的操作步骤如图 11-12 所示。

步骤一	擦浴前关好门窗，防止对流风吹向病人
步骤二	调节好室温，一般以 24℃为宜
步骤三	准备毛巾、浴巾、香皂、换洗衣服，50～60℃的热水
步骤四	先给病人洗脸部，按眼睛→鼻子→耳朵→脸部→颈部这样一个循环过程清洗
步骤五	给病人脱衣服，先脱健侧的一边，擦洗干净后穿好；然后再脱患侧，擦干净后用干毛巾盖好
步骤六	再按腋下→胸部→乳房→腹部的顺序给病人擦洗，擦洗乳房时不要碰伤乳头，擦洗干净后用干毛巾盖好
步骤七	再按背部→臀部的顺序给病人擦洗，擦洗干净后给病人穿好上衣
步骤八	换一次热水，擦洗会阴部由前往后擦，防止肛周细菌污染阴道口和尿道口，引起上行感染。也可以在臀部下面放便盆，冲洗会阴部和肛门周围，由前向后冲洗。无论擦洗还是冲洗会阴部，都要用单独的盆和水。女病人要分开大小阴唇擦洗，男病人要推开包皮冲洗，冲洗完毕后，用干净毛巾擦干水分
步骤九	按腿部到脚部顺序擦洗，擦洗好一条腿后给病人用干毛巾盖好，再去擦另一条腿，擦拭四肢时，由远心端向近心端擦拭，即由手指端往颈肩端擦拭、由脚趾端往大腿部擦拭，以促进血液回流。脚部可直接放在水里浸泡，水温 40～45℃，泡到身体和头部刚刚出汗最佳。头部和身体开始出汗时，全身毛孔开始完全舒张
步骤十	洗完后为病人穿上干净衣服。如果病人肢体有创伤，先穿患侧，再穿健侧
步骤十一	帮病人整理好床铺，需要更换床单的要及时更换

图 11-12　给病人全身擦浴的操作步骤

① 观察全身皮肤有无异常，适当按摩。对使用石膏、夹板、牵引固定的病人，家政服务员要随时观察局部皮肤和指甲、趾甲的颜色以及皮肤温度的变化，听取病人反映，有无胀、痛感；如发现异常，及时报告雇主，必要时请医护人员解决问题。

② 中途换水要注意病人的安全。

技能07 给病人口腔测温的操作步骤

家政服务员在给病人进行口腔测温时，可按图11-13所示的操作步骤进行。

步骤一	测体温前，应看清水银柱是否在刻度以下。如不在，应用拇指、食指紧握体温表上端，手腕用力向下、向外甩动，将水银柱甩到35℃以下
步骤二	将体温表的水银端置于病人舌下，让病人闭上嘴，此时家政服务员的手最好不要松开，一直扶着体温计
步骤三	3 分钟后拿出，查看度数时，一只手横拿体温表的上端，使表与眼平行，轻轻转动体温表，就可清晰地看到水银柱上升的度数
步骤四	测完后，体温表用冷水予以清洗，擦干后放在 70% 的酒精中浸泡半小时
步骤五	在本子上做好记录

图 11-13 给病人口腔测温的操作步骤

专家提示 ▶▶▶

家政服务员在给病人进行口腔测温期间要一直握着体温表的上端，以防脱落折断。如果不慎咬破口，应用清水给病人漱口并协助其吐出口腔内的碎玻璃及水银，也可口服牛奶或鸡蛋清。

技能08 给病人腋下测温的操作步骤

家政服务员在给病人进行腋下测温时，可按图11-14所示的操作步骤进行。

步骤一	测体温前，应看清水银柱是否在刻度以下。如不在，应用拇指、食指紧握体温表上端，手腕用力向下、向外甩动，将水银柱甩到35℃以下
步骤二	将体温表的水银端放到腋窝处让病人夹紧即可
步骤三	10分钟后取出，查看度数时，一只手横拿体温表的上端，使表与眼平行，轻轻转动体温表，就可清晰地看到水银柱上升的度数
步骤四	测完后，体温表用冷水予以清洗，擦干后放在70%的酒精中浸泡半小时
步骤五	在本子上做好记录

图11-14 给病人腋下测温的操作步骤

专家提示 ▶▶▶

① 病人汗多时要先擦去腋窝部的汗水；
② 若病人洗澡后，须隔20分钟才能测温；
③ 体温表应紧贴皮肤，两者间不能夹有内衣或被单；
④ 腋窝周围不应有影响温度的冷热物体，如热水、冰袋、开启的电热毯等。

技能09 给病人肛门测温的操作步骤

家政服务员在给病人进行肛门测温时，可按图11-15所示的操作步骤进行。

专家提示 ▶▶▶

家政服务员在给病人进行肛门测温期间最好一直握着体温表的上端，以防脱落折断。病人如果有腹泻不宜采用肛门测温。

183

步骤一	测体温前，应看清水银柱是否在刻度以下。如不在，应用拇指、食指紧握体温表上端，手腕用力向下、向外甩动，将水银柱甩到35℃以下
步骤二	应先在水银端涂少许润滑油（食用油、石蜡油均可）
步骤三	再慢慢将水银端插入肛门内约3厘米深（病人仅将水银头插入即可）
步骤四	3分钟后取出，用软手纸将肛表擦净。查看度数时，一只手横拿体温表的上端，使表与眼平行，轻轻转动体温表，就可清晰地看到水银柱上升的度数
步骤五	测完后，体温表用冷水予以清洗，擦干后放在70%的酒精中浸泡半小时
步骤六	在本子上做好记录

图 11-15　给病人肛门测温的操作步骤

技能10 用冰袋给病人降温的操作步骤

　　家政服务员在用冰袋给病人降温时，可按图11-16所示的操作步骤进行。

步骤一	把冰块弄碎
步骤二	用不漏水的塑料袋盛冰块
步骤三	用干毛巾裹住敷在病人头部
步骤四	每2分钟就必须挪开或者循环到别的地方再敷
步骤五	同进加敷腋窝和股沟，降温效果会更好

图 11-16　用冰袋给病人降温的操作步骤

专家提示 ▶▶▶

　　发高烧的病人适合采用冰袋法降温并且要及时就医，家政服务员在用此方法给病人降温时，切记冰袋不能在同一个地方停留超过2分钟，要循环使用。禁用部位为耳后、心前区、腹部、阴囊及足底处。

技能11 用冷毛巾给病人降温的操作步骤

家政服务员在用冷毛巾给病人降温时要按图11-17所示的操作步骤进行。

步骤一	将毛巾打湿
步骤二	拧干毛巾，但不能拧得太干
步骤三	将毛巾叠成小块长方形
步骤四	将叠好的毛巾敷在病人头上，每5分钟更换一次
步骤五	同时还要用另一块湿毛巾不停地给病人擦拭腋窝、手心和脚心

图11-17 用冷毛巾给病人降温的操作步骤

专家提示 ▶▶▶

家政服务员须注意的是只有在病人低烧时才适合用此方法给病人降温。

技能12 用酒精擦拭给病人降温的操作步骤

家政服务员在用酒精擦拭给病人降温时，可按图11-18所示的操作步骤进行。

步骤一	将纱布或柔软的小毛巾用酒精蘸湿
步骤二	轻轻擦拭病人的颈部、胸部、腋下、四肢和手脚心

图11-18 用酒精擦拭给病人降温的操作步骤

专家提示 ▶▶▶

给病人擦浴用的酒精浓度不可过高，否则大面积地使用高浓度的酒精可刺激皮肤，吸收表皮大量的水分。这是最简易、有效、安全的降温方法。

技能13 用温水擦拭给病人降温的操作步骤

家政服务员在用温水擦拭给病人降温时要按图11-19所示的操作步骤进行。

步骤一	兑好一盆38℃左右的温水
步骤二	打湿毛巾，并拧干水分，但不能拧得太干
步骤三	用温湿毛巾擦拭病人的全身皮肤

图11-19 用温水擦拭给病人降温的操作步骤

专家提示 ▶▶▶

家政服务员在给病人擦拭腋窝、腹股沟等血管丰富的部位时，擦拭时间可稍长一些，以助散热。胸部、腹部等部位对冷刺激敏感，最好不要擦拭。出疹的病人发热不要用温水擦浴降温。

技能14 给病人贴退热贴降温的操作步骤

家政服务员在用退热贴给病人降温时，可按图11-20所示的操作步骤进行。

步骤一	使用退热贴时要沿缺口撕开包装袋
步骤二	取出贴剂，揭开透明胶膜
步骤三	直接敷贴于病人额头即可

图11-20 给病人贴退热贴降温的操作步骤

专家提示 ▶▶▶

病人发烧不超过38℃一般不建议使用退热贴。

技能15 给病人量血压的操作步骤

作为一名家政服务员，掌握正确测量血压的方法对控制血压是很重要的。家政服务员在给病人量血压时，可按图11-21所示的操作步骤进行。

步骤一	首先测量血压时应选择一个合适的体位，取坐位或仰卧位，让被测肢体和心脏处于同一水平面
步骤二	卷袖露臂，手掌向上，肘部伸直，放稳血压计，开启水银槽开关
步骤三	放尽袖带内空气，平整地缠于上臂中部，袖带下缘距肘窝 2～3 厘米，松紧以能放入一指为宜
步骤四	将听诊器胸件放在肱动脉搏动最明显处
步骤五	关闭气门，充气至肱动脉搏动音消失再升高 20～30 毫米
步骤六	缓慢放气（大约 4mmHg/秒），注意肱动脉声音和水银柱刻度变化
步骤七	当听到第一声搏动音时水银柱所指的刻度为收缩压（所谓的高压）；当搏动声突然减弱或消失，此时水银柱所指刻度为舒张压（即低压）
步骤八	测量完毕，将气带内余气排尽，血压计向水银槽方向侧倾 45°，使水银柱内的水银全部退回槽内，再关好水银槽开关

图 11-21 给病人量血压的操作步骤

专家提示 ▶▶▶

家政服务员在给病人测血压时还需注意以下几点。

① 测血压前应休息十几分钟，以消除紧张和劳累对血压的影响。

② 应选择健侧肢体测量血压。

③ 发现血压听不清或异常时，应重新测量。重测时，应先驱尽袖带内空气，水银柱降至"0"点，稍待片刻后再测量。

④ 出现第一声搏动音后，如果水银柱降至最低仍有声音，可重新测量一次，并以突然变音时的水银柱刻度为舒张压。

⑤ 初次测量者最好双侧肢体均测量，这样有助于早期发现动脉夹层等疾病。

⑥ 需长期观察血压的病人应做到四定：定时测、定部位、定体位、定血压计。

技能16 褥疮的家庭护理步骤

家政服务员可在医务人员的指导下按图11-22所示的操作步骤进行。

| 步骤一 | 凡发生红肿、水疱或疮面的部位，必须定时变换体位，并酌情增加翻身次数，使用适当的垫圈、有洞的床板、床垫等，以减少局部皮肤受压 |

| 步骤二 | 局部红肿者涂以 2.5% 的碘酊，或用 75% 的酒精湿敷，以促进吸收和消散，千万不可按摩 |

| 步骤三 | 有水疱者，在水疱部位用 2.5% 的碘酊和 75% 的酒精消毒，用一次性无菌注射器（医疗器械商店有售）抽出疱内液体，再涂上消炎药膏，盖上无菌纱布 |

| 步骤四 | 如皮肤已破溃，但创面不深、不大，可用 60～100 瓦灯泡烤创面，使其保持干燥，每次 20 分钟，但要掌握好距离，防止烫伤。烤后涂消炎药膏，盖上纱布 |

| 步骤五 | 增加病人营养，以利创面愈合 |

图 11-22 褥疮的家庭护理步骤

Domestic Helper

第十二章
采购日常生活用品

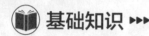 **基础知识** ▶▶ -

知识01 买菜

1.基本原则

① 不要购买那些没有受到适当保护的食物；

② 不要光顾无牌照食铺和熟食小贩，选择一些信誉良好的食物供应商；

③ 不要购买异常的食物；

④ 注意包装上的有效日期及储藏方法，不买过期食品；

⑤ 消费预算：在固定消费额内购买菜品，可利用一周金额灵活安排；

⑥ 分量预算：计算人数，不要浪费；

⑦ 要注意均衡营养；

⑧ 注意雇主的饮食习惯（是否有饮食忌讳），不要将自己的饮食习惯强加于别人；

⑨ 不是当季的不买，尤其是水果及蔬菜类。

2.各类食物的选择

各类食物的选择要遵循表12-1的要求。

表12-1　各类食物的选择要求

序号	类别	选择要求
1	鱼类	① 不可有异味； ② 眼要有光泽； ③ 腮要红； ④ 肉要有弹性，颜色鲜明； ⑤ 皮要湿润，无破烂； ⑥ 鱼鳞要多
2	肉类	① 牛肉颜色要深红，脂肪呈奶白色； ② 猪肉颜色要浅粉红，脂肪白色、柔软； ③ 羊肉颜色要粉红，脂肪白色； ④ 家禽（如鸡、鸭）胸脯丰满、柔软，表面无淤伤，腿部易弯曲，脂肪呈白到黄色； ⑤ 不可有异味； ⑥ 肉要湿润，有弹性； ⑦ 肉表面不要呈淤色

续表

序号	类别	选择要求
3	蔬菜	① 绿叶菜：要青绿，茎要脆，不可黄； ② 花椰菜及生菜类：内部要实，不要购买外层被剥掉的； ③ 豆类：要脆和实，没有皱纹； ④ 根茎类：要实，颜色鲜明，表皮没有污点。不要有大量泥土盖着，选购中等大小的； ⑤ 选购蔬菜要合时节
4	冷藏食物	必须坚硬，不可有任何部分已解冻

3.识别食品真假的方法

以下介绍几种识别食品真假的方法。

（1）泡水蔬菜 将蔬菜秆末端折断，如果断面有水分渗出，就是泡水蔬菜。对过分肥大、过分青翠碧绿的蔬菜，要警惕卖主在其中做了手脚，最好不要购买。

（2）化肥豆芽 豆粒发蓝，根短或无根。如将一根豆芽折断，仔细观察，断面会有水分冒出，有的还残留有化肥的气味。

（3）充水油豆腐 充水油豆腐油腻差、边色发白、粗糙，用手一捻，有水分滴落，并且一捻就烂，不能恢复原来的形状。

（4）灌水鲜鱼 这种鱼一般肚子较大。如果将鱼提起，就会发现鱼的肛门下方两侧凸出下垂；如果用小手指插入肛门，旋转两下，手指抽出，水分立即流出。

（5）注水牛肉 仔细观察上面有较多的水分冒出，用手摸会感觉手上有较多水分，用干纸粘贴上去，纸很容易湿透。

知识02 买水果

水果已经成为所有人生活中不可缺少的一部分营养需求。那么，家政服务员在购买水果时，该如何选择呢？表12-2列出了十几种常见水果的挑选方法。

表12-2　常见水果的挑选方法

序号	类别	挑选方法
1	苹果	① 苹果首先表皮要白里透红，红得越匀称，说明味道越正，且上面有一条条红色的丝纹，从果柄附近一直延伸到底部。 ② 千万不要挑颜色青里透红的，虽然水分也不少，但因为成熟度不够，不会很甜。 ③ 要看果形，形状正一点，个头大一点，用手指轻轻弹几下，清脆有回音的，往往比较脆、比较甜。 ④ 苹果的产地也很重要，一般来说陕西、甘肃的苹果比较好吃。市场上卖得比较好的进口苹果是蛇果和加力果。买蛇果要挑表皮颜色黑亮，果形呈圆柱形，个头大一点，手指弹上去感觉有硬度，且会发出砰砰声的。买加力果要挑表皮青红分明，带条纹，个头中等，同时也要有硬度。注意别买颜色太黄的，这种苹果说明熟过头了
2	梨	市场上卖得比较多的梨的品种主要有皇冠梨和雪梨： 挑皇冠梨要看表皮颜色是否白，外表是否细腻光滑。如果颜色有些发黄，很可能是黑心的；如果外表不光滑，摸上去感觉高高低低的，果肉就可能有钉（即吃上去感觉有硬块）。 雪梨则主要看外表是否粗糙，越糙里面越可能是黑心瓤。 还可以看果柄，如果黑到底部，说明里面可能坏了。其他要点： ① 果柄细一点； ② 底部圆一点； ③ 外观匀称一点； ④ 脐深一点
3	香蕉	① 看其在运输过程中有无被撞伤； ② 看把形，一把香蕉里面每个个头都要适中，果形没有棱角且比较圆润，整体看上去比较整齐； ③ 看颜色，表皮要通体呈黄色且没有其他杂质，如果有黑色或有斑点说明熟过头了
4	西瓜	① 先看外形，果形是椭圆形且比较圆整，如果一头尖一头大，说明可能激素用多了。 ② 观颜色，瓜色要比较绿，色泽比较深，且花纹感觉像是撑开了一样。 ③ 看西瓜藤，呈绿色表示比较新鲜，呈枯黄色说明摘下来有段时间了。 ④ 用一只手托起，轻轻拍打，听声音，如果太响，说明熟过头了；太闷说明还没熟；听起来感觉有点空洞，托着的手感觉微微有震动，则刚刚好

续表

序号	类别	挑选方法
5	火龙果	① 叶子要青； ② 表皮要红； ③ 果形要匀称，不要一头特别大一头特别小，或中间凹凸不平； ④ 摸上去整体硬硬的，没有明显的塌陷处
6	葡萄	① 看外观，颗粒饱满且大小均匀、枝梗新鲜（呈鲜绿色）牢固，表面有一层白霜的品质比较好； ② 看手感，轻轻捏一下，太硬的葡萄往往味淡、苦涩，太软的很可能很酸或者变质，软硬适中比较实的则正好； ③ 尝味道，看一串葡萄是否甜，要先尝最下面的几颗，如果甜就代表整串葡萄都是甜的
7	猕猴桃	① 不能选个头太大的，适中就好。 ② 表皮上毛的颜色要偏金黄色，如果带黑色，说明容易烂或者有病；结蒂处嫩绿色的，说明比较新鲜。 ③ 果形要头里尖尖，但整体显得圆润不畸形。 ④ 捏上去感觉没有气胀，整体软硬一致，有点软的最好，要是有的部位很软说明烂了
8	芒果	① 表皮金黄（一般来说越黄越甜，但根据品种不同还可能黄中带红，比如澳芒），没有小黑点（易烂）、没有皱起（说明水分少了）； ② 果蒂没有腐烂的痕迹； ③ 果形饱满、圆润，个头适中，捏上去不软不硬，有香味
9	龙眼	① 挑个头大的。 ② 挑果形圆的，摸起来稍微有些刺感。 ③ 挑果肉实的，用手捏有厚实感，略微挤压一下也不会出水。 ④ 挑新鲜的，把龙眼头上的柄摘掉看结蒂处，发红了可能容易烂，发白的则是好的；剥开后果肉乳白色的为佳
10	枇杷	① 外形要匀称； ② 色泽要均匀，颜色越橙越甜； ③ 个头要适中，太大的不甜，太小的会酸； ④ 要看外皮上的茸毛是否还在，要是脱落了，说明不够新鲜

序号	类别	挑选方法
11	橘、柚、橙子	柚、橘、橙子要捡沉手的，外皮要捡润滑的像宝宝的皮肤一样的，粗糙的像麻子脸的别买；不过冬天流行的砂糖橘就是皮很粗糙的，光滑的都不好。 　　买橙子的时候最好买底部，即"屁股"上面有个圈的。脐橙就买"屁股"那个洞是凹下去的比较甜。 　　柚子、蜜柚一般越紧实越好。手掂感觉同样大小的越沉越好。用手按，越硬越好，按不下去的皮薄，皮越薄越好。蜜柚皮越光滑、颜色越均匀、越偏金黄越好，这样的柚子，果肉水分充足，甜度高，味道也正些。 　　其他特点有：高身橙，扁身柑，光身。即橘橙子要挑高身的，柑要扁的，橘子的皮要光亮。 　　挑橘子的话不论品种，中间有个环形的是母的，通常都会比较甜一些；有个点状的是公的，没有母的甜。挑皮薄有弹性的。早橘汁多味甜，晚橘比较粗糙多筋
12	草莓	草莓不买太红的，颜色越是鲜艳就越酸，红里带点白的草莓最香甜。买草莓不要选个儿非常大、形状特奇怪的那种，要选大小一致的，小一点更安全
13	荔枝	选荔枝要选表皮凹凸不平、纹路深的那种，那种荔枝通常都是小核。而表面光滑平坦的那种，一般核都很大。不仅要表面红润，而且捏起来要饱满有弹性，如果没弹性、很软、感觉有点空就是放的时间长了。还可以轻轻按一下荔枝的尾部，如果感觉软，没有按到硬物，一般来说核是比较小的，如果可以感觉按到硬物，一般是大核。下面两点最重要。 　　① 好：果皮新鲜、颜色呈暗红色，果柄鲜活不萎，果肉发白； 　　② 坏：果皮为黑褐或黑色，汁液外渗，果肉发红
14	榴莲	榴莲挑香味浓的，稍微裂开一点，看得到里面的果肉软软糯糯，又绝不湿漉漉的，果肉相对细长、金黄的。果形较丰满的外壳比较薄些，果肉的瓣也会多些。那种长圆形的，一般外壳较厚，果肉较薄。挑选时壳以黄中带绿为好
15	菠萝	① 要找那些矮并且体粗的菠萝，因为这样的果肉结实并且肉多，比瘦长的好吃。 　　② 看大小，大的比小的好吃，因为大个的熟得比较透，也可以说"发育好"，而且味道比较甜。 　　③ 看菠萝叶子的长短，很多人挑菠萝只是注意看菠萝本身，而忽略了叶子。其实从叶子就能判断菠萝的产地，海南的菠萝叶子长、广西的叶子短，如果都是成熟的菠萝，还是海南的比较好吃

知识03 记账

很多时候，家政服务员与雇主之间也会有金钱的来往，例如替雇主买菜、买清洁用品等，这也是家政服务员的职责。在处理单据及账目上必须要有很清楚的交代。

1.处理单据及账目的要点

① 购物时要保留单据，如超级市场的单据等，把所有单据清楚地交给雇主。

② 若自己要买东西，同时也要替雇主买东西，必须分单计算，以免混淆账目。

③ 所有余款及单据尽量亲手交给雇主，要当面点清，以免有误会。

④ 若要替雇主购买一些之前没有声明的物品，必须考虑其必要性，若真的有需要，最好事前询问雇主的意见，尽量不要自行决定，特别是一些价钱贵的物品。

⑤ 若要定期替雇主购物（例如买菜及生活日用品），必须事前与雇主协商收支安排。例如，雇主怎样交钱给你、多久一次、余款怎样处理等。

⑥ 可以自行制作一些账目处理表，自己一份，也给雇主一份，清楚地记录所有收支情况。

2.记账的要求

① 要养成每天记账的习惯，不然会漏记或忘记；

② 每天的开支除了记总数，还要详细记录所买物品的具体名称、数量，不要笼统地记肉类、菜类，要让雇主看得清楚；

③ 记完一天的开支详情，就用横线隔开，每天一栏，看起来一目了然；

④ 每天的开支都尽可能控制在预定数额，不能超支。既要按计划，又要保证伙食的营养质量；

⑤ 每到周末，要主动把账单交给雇主看，对一周的账目做一个小结，同时为下周的开支做好准备。

3.记账举例

日常开支记账一般采用"现金日记账"的格式，基本结构为"收入""支出""结余"三栏,见表12-3。

表12-3 现金日记账

2015年		采购物品内容			收入/元	支出/元	结余/元
月份	日期	品名	数量	价格/元	1000		
3	1	鸡	1只	50		88	912
		鱼	1条	25			
		蔬菜	500克	5			
		酱油	1瓶	8			
3	2	大排	500克	28		126	786
		蔬菜	500克	6			
		火腿	1包	12			
		牛奶	1箱	80			
...	...						

🎈**专家提示 ▶▶▶**

　　每天应将采购日常用品的收、付款项逐笔登记,并结出余额,同实存现金相核对,借以检查每天现金的收、付、存情况。

Domestic Helper

第十三章
看护宠物

基础知识 ▶▶▶

知识01 景观鱼的饲养

1.给景观鱼加水和换水的要求（表13-1）

表13-1　给景观鱼加水和换水的要求

序号	类别	具体要求
1	除氯	城市家庭养鱼一般使用自来水。自来水中含有漂白粉，漂白粉会产生游离氯，所以必须在除氯后方能使用。清除自来水中的氯可采用以下的方法。 ① 暴晒：即将自来水放在储水桶中，在阳光下晒3天左右；如放在室内，应放置一周左右，如此处理后可将水中的氯除去。 ② 化学除氯：即往自来水中加入浓度为万分之一的硫代硫酸钠。硫代硫酸钠为无色透明的结晶体，在观赏鱼市场上称为"海波"，一般一桶水放2～3颗搅匀即可
2	注意水温	① 用自来水养热带鱼还应注意水温问题，需要将水温调至适宜鱼种生存的范围，并需要对水的硬度和酸度进行调整。可加入纯水来降低自来水的硬度，加入小苏打或磷酸二氢钠来调整水的酸碱度。 ② 热带鱼对水温的要求比金鱼要高，饲养中要倍加关注。在季节交替、气温变化大的时候，要特别注意水温，温差不能超过1～2℃。可选用市场上出售的加温设施来控制水的温度

2.观赏鱼的喂食

① 每天给食的次数和投喂的量，要根据不同的鱼种合理掌握。每次只需将鱼喂至八成饱即可，具体投喂量要在平时多观察，方能做到心中有数。

② 每次投喂时间应相对固定，不宜忽早忽晚。一般早晨和晚间不宜喂食，其余时间无严格要求。

③ 如果因事外出，不能每天给鱼喂食，一般情况下即使三五天不喂食，鱼也不会饿死。但是外出前应按正常情况喂食和换水，保持水质清新，氧分充足，避免发生闷缸（鱼缸缺氧）事故。

④ 对日常气温的变化、鱼的活动量等都要仔细观察。

3.鱼病防治

要预防鱼病的发生，首先要注意不要带入外部病原体，特别是在新添鱼种时。产生鱼病的原因较多，主要原因还是在于水温失衡、喂养失当和操作失慎，应注意预防。

① 注意不要带入外部病原体，新添进鱼种时应先行消毒；

② 水温应相对平衡，避免忽冷忽热；

③ 每次投喂时间应相对固定，一次投料不能过多。

常见鱼病的症状及防治方法见表13-2。

表13-2　常见鱼病的症状及防治方法

序号	鱼病	症状	防治方法
1	细菌性腐败病	鱼体表面局部发炎，充血、脱鳞	可用呋喃西林和抗生素治疗
2	鳃病	鱼体被细菌活寄生虫侵蚀引起。病鱼头部发乌、鳃丝发白	可用呋喃西林和高锰酸钾、福尔马林或食盐治疗
3	鳞病	病鱼鳞片张开，基部水肿	可用食盐、呋喃西林和抗生素治疗
4	肠炎	病鱼腹部膨胀，肛门红肿凸出	可用磺胺类药物治疗
5	烂鳍病	鱼鳍破损变色，无光泽，烂处有异物；或透明的鳍叶发白，白色逐渐扩大	可用食盐或抗生素治疗

知识02 宠物猫的喂养

1.家猫的喂养

（1）养猫的基本用品　要想养好猫，必须要有养猫的基本用品，如猫窝、铺垫物、饮水用具、喂食器具、便盆、颈带、梳子、刷子、消毒液等。

（2）喂食

① 一定要使用新鲜干净的饮用水，使用清洁低浅的食盘；

② 让食物温度与室温相同，防止食物变质；

③ 喂食场所应固定、安静和干净，厨房角落是个理想的地方；

④ 如果有其他宠物，不要让它们在同一碗中吃东西，因为一般大猫会抢去幼猫的食物；

⑤ 不要过量喂食，过量喂食会使猫肥胖并且导致心脏受压及糖尿病。

（3）猫的清洁与调教

① 猫从小就喜欢清洁。一般幼猫出生后4周便可行走，会跟随猫妈妈到一定的地点去便溺。此时，可先调教它在便盆里便溺，逐渐还可以调教其在抽水马桶上便溺。

② 应调教猫不上床，让它到猫窝里去睡觉。

③ 平时应多为猫梳理皮毛，洗澡，护理眼睛、耳朵，修剪爪子。

（4）定期体检　为预防各种传染病，要定期为猫做体检，并注射相关疫苗。

2.不同季节猫的饲养与管理

一年四季气温不同，猫的生理状态也不同，猫的饲养与管理也要因季节的改变而有所调整，具体见表13-3。

表13-3　不同季节猫的饲养与管理

序号	类别	管理要求
1	春季	春季为猫的发情季节，应选择优良品种进行交配，以获得优良的后代。为减少不必要的麻烦，最好将母猫关在室内。公猫夜间会频繁外出找配偶，争斗中如发生外伤要及时治疗。春季也是换毛季节，应为猫勤梳洗皮毛，预防寄生虫和皮肤病
2	夏季	夏季气候炎热，空气潮湿，要防止猫中暑和食物中毒
3	秋季	秋季气候温和，猫的食欲开始旺盛，也是一年中第二个发情期，此时，应给猫增加食物量。为防止感冒和呼吸道感染，可对猫进行关闭管理
4	冬季	冬季气候较为寒冷，应让猫勤晒太阳，同时在猫窝中增加铺垫物品，并将猫窝放在暖和的房间里

知识03 宠物狗的喂养

（1）养狗用品　养狗与养猫一样，需要一套专门的用品，如狗窝、铺垫物、饮水用具、喂食器具、便盆、颈圈、梳子、刷子、消毒液、狗浴液、玩具等。

（2）喂食　狗的摄食范围比较广，一般人能够食用的食品狗均可食用。

① 狗喜食温食，一般狗食应煮熟后再喂；

② 喂食应定时、定点、定量，食物温度应适宜，不宜过冷、过热；

③ 狗的饮用水要充足，水质要洁净、新鲜；

④ 狗使用的食具应专用，要清洁卫生，且要定期消毒；

⑤ 狗食品种不宜单一，品种应多样化，且各种营养素应相对均衡，喂乳的母狗还应添加钙、磷和鱼肝油，否则狗很容易患病。

（3）幼狗的训练　幼狗应训练其定时、定点便溺的习惯。

（4）定时清洁　狗一般不爱清洁，所以应定时为其做清洁工作，从小培养卫生习惯。应经常给狗洗澡、梳理毛发、修剪趾甲、护理眼睛。另外，还应适当安排其运动，对满周岁的狗可安排适当的剧烈运动。

🎈 专家提示 ▶▶▶

① 防止狂犬病。狗天性好动、顽皮，喜欢自由，且具有攻击行为。一旦被狗咬伤，在两小时内尽快用20%的肥皂水或0.1%的新洁尔灭彻底冲洗伤口半小时，冲洗后用75%的酒精或2%～3%的碘酒擦涂，并及时到医院处理。

② 要避免所养的狗被其他牲畜咬伤。一旦发生狗被其他牲畜咬伤，应立即带狗到宠物医院治疗，尤其是当其被野狗咬伤时。

③ 防止狗的异常攻击行为。如所饲养的狗有攻击行为，应严格防范，且要严格训练以使其温顺。如无法使其温顺应予以处理，避免其攻击他人。

④ 饲养狗的家庭中，如有孩童，应陪同孩童与其一起玩耍；要训练狗，禁止其靠近孩童。

⑤ 对病狗的粪便、尿、呕吐物、唾液要及时清理，以控制传染源。

📖 知识04 宠物龟的喂养

乌龟属于杂食动物，鱼、肉、菜、饭都能打发，因此乌龟还是比较好养的。

1.乌龟的食物

乌龟不挑食，叶菜、高丽菜、胡萝卜等蔬菜都能满足它的要求；鱼肉是乌龟最喜欢吃的食物；也可以给乌龟喂食一些猫粮狗粮。一般市场上专门给乌龟的饲料都有卖。

2.乌龟的活动场所

乌龟是两栖动物，可以在水中也可以在陆地上。现在大部分人养乌龟都是用鱼缸，灌满水，让乌龟自由泳。这样乌龟始终都在不停地游动，无法满足乌龟定时在陆地上活动的需要。为了让乌龟健康地成长，需要给它添加一些"陆地"，比如放入一些浮板。由于乌龟的活动量大，最好给它准备大一点的空间，否则它很快就会变得死气沉沉。

3.乌龟需要的光照

乌龟需要定时的光照，这使得养乌龟也比较麻烦，尤其是小乌龟，如果缺少光照，就会生很多疾病。光照可以促进乌龟对钙质的吸收，没有光照，乌龟就要缺钙，对于一个满身是骨头的动物，缺钙可是一件大事呀！

4.疾病的预防

预防乌龟生病的最好的方法就是光照充足。另外定期换水可以有效地防止病菌的滋生。市面上有卖专门的消毒剂，是给鱼缸消毒的，可以拿来给乌龟用，只要喷洒到水里即可。

🔍 操作技能 ▶▶▶ ----------------------------------

🔍 技能01 清洁鱼缸的操作步骤

家政服务员在清洁鱼缸时，可按图13-1所示的操作步骤进行。

步骤一	准备一个盆子，仔细清洁，特别要注意不能有油污和没有冲刷净的洗涤
步骤二	将鱼缸中的水连同鱼一同轻轻倒入准备好的小盆，沉积在缸底的排泄物尽量留在缸里
步骤三	鱼缸用了一段时刻都会在玻璃壁上产生尘垢和苔藓，可以用磁刮器将鱼缸玻璃上的苔藓和污垢刮干净。用一只手将带刀片的一块放入水内贴住缸壁，另一只手将带刷的一片放在缸外，使两片彼此吸牢，然后将外面一片在有绿苔和污垢的当地来回移动，里边一片就跟着移动，经过移动的刀片将缸壁上的苔藓和尘垢去除干净，速度快且省力，清理彻底
步骤四	清洁过滤器，用抽水管对过滤器反复冲洗至干净
步骤五	放入清水对鱼缸内部进行二次清洗（最少要清洗两次）
步骤六	将缸中加 1/2 新水（新水要预先放置 1～2 天，以使其温度尽量接近缸水并蒸发氯气）
步骤七	将小盆中的鱼和水轻轻地放到鱼缸

图 13-1　清洁鱼缸的操作步骤

技能02 给宠物猫洗澡的操作步骤

家政服务员在给宠物猫洗澡时，可按图13-2所示的操作步骤进行。

步骤一	洗澡前应将其被毛充分梳理，清除脱落的被毛，防止洗时打结，花费更多的时间进行整理
步骤二	兑好水并且水温不能太低或太高，以不烫手（40～50℃）为宜；室内保持温暖，防止猫着凉引起感冒
步骤三	先在水中滴一些浴液，再把猫咪放入浴盆。先用手泼水把猫背部淋湿，放上一些浴液，以猫的头后部—颈—背尾—腹部—四肢的顺序进行搓洗。动作要迅速，尽可能在短时间内完成。注意不要让水灌入猫的眼内和耳朵内，以免引起猫的反感，可先在猫耳中塞上脱脂棉球，洗澡后再取出
步骤四	洗完了如果是冬天一定要吹干，短毛的夏天可让它自然干。如果猫怕风筒，用大毛巾把它包住，把水擦干后把它放在温暖的地方

图 13-2　给宠物猫洗澡的操作步骤

专家提示 ▶▶▶

　　猫健康状态不佳时不宜洗澡，6月龄以内的小猫容易得病，一般不要洗澡，6月龄以上的猫洗澡次数也不宜太多，一般以每月1～2次为宜。因为猫皮肤的油脂对皮肤和被毛具有保护作用，如果洗澡次数太多，油脂大量丧失，被毛就会变得粗糙、脆而无光泽，皮肤弹性下降，影响猫的美观，还可能成为皮肤病的诱因。

技能03 给宠物狗洗澡的操作步骤

　　家政服务员在给宠物狗洗澡时，可按图13-3所示的操作步骤进行。

步骤一	刷毛：在洗澡之前，先仔细地将狗狗全身的毛刷顺一遍，一方面是避免被毛纠缠及梳理废毛，另一方面是检查狗有没有皮肤病或外伤。 冲湿：水温40℃左右较为理想，先让狗适应一下水温，再从脚、身体依序到头部，把全身冲湿。要小心爱犬的耳朵入水及突然的水声让狗受到惊吓
步骤二	搓：先将沐浴露稀释后，从背部开始涂上沐浴露，背、颈、肩、腰、胸、脚、臀、尾巴都要仔细清洗，用手指按摩搓揉出泡沫。要小心的是狗的腹部，腹部的皮肤很柔软却很易脏，可以试着用海绵来清洗。最后是洗狗的头部，很多狗都会害怕，可以叫着狗的名字，用海绵由头顶向后轻轻刷洗，减少狗的抗拒。最后，洗净全身之后，很快用清水冲洗一遍，再仔细清洗比较肮脏的部分，不要让沐浴露留在爱犬身上，可能会引起皮肤炎。要注意的是避免将水洗进狗的眼睛里，如果沐浴露流进眼睛，要立刻用大量的水冲掉，并点上眼药水
步骤三	擦拭：可以先用手拧干水分，多半狗狗都会自行甩干身体，然后用大毛巾，按压式地擦干水分，再用逆毛擦干、顺毛擦干交替进行的方式，可以减少吹干的时间。此时也要将耳朵、鼻子、眼睛的水分擦干。耳朵、眼睛看得到的地方用棉花棒擦拭干净，耳道内可滴耳剂让狗清爽并可预防耳炎
步骤四	吹干：最后再用吹风机吹干，这是非常必要的步骤，不然狗狗容易结毛球，也容易感冒。吹干脸附近的被毛时，要把风量调低，并离开约10厘米，避免狗受到惊吓，而且不要将风直接往狗脸上吹。完全吹干后，记得再梳一次毛。梳毛不但可使犬毛漂亮，还可以促进血液循环及新陈代谢

图13-3　给宠物狗洗澡的操作步骤

专家提示 ▶▶▶

① 洗澡前一定要先给狗梳理被毛，这样既可使缠结在一起的毛梳开，防止被毛缠结更加严重；也可把大块的污垢除去，便于洗净。尤其是口周围、耳后、腋下、股内侧、趾尖等处。梳理时，为了减少和避免犬的疼痛感，可一只手握住毛根部，另一只手梳理。

② 洗澡水的温度不宜过高、过低，一般春天以36～37℃为宜。

③ 洗澡时一定要防止将洗发露流到狗的眼睛或耳朵里。冲水时要彻底，不要使肥皂沫或洗发露滞留在犬身上，以防刺激皮肤而引起皮肤炎。

④ 给犬洗澡应在上午或中午进行，不要在空气湿度大或阴雨天时洗澡。洗后应立即用吹风机吹干或用毛巾擦干。切忌将洗澡后的犬放在太阳光下晒干。

Domestic Helper

附录
家政服务员国家职业技能标准（2014年修订）（节选）

职业定义：根据要求为所服务的家庭操持家务，照顾儿童、老人、病人，管理家庭有关事务的人员。

2　基本要求

2.1　职业道德

2.1.1　职业道德基本知识

2.1.2　职业守则

（一）遵纪守法，讲文明、讲礼貌，维护社会公德。

（二）自尊、自爱、自信、自立、自强。

（三）守时守信，尊老爱幼，勤奋好学，精益求精。

（四）尊重用户，热情和蔼，忠诚本分。

2.2　基础知识

2.2.1　法律知识

（一）公民的权利与义务。

（二）劳动法常识。

（三）妇女权益保障法常识。

（四）未成年人保护法常识。

（五）消费者权益保护法常识。

（六）食品卫生法常识。

2.2.2　安全知识

（一）家庭防火、防盗及防意外事故知识。

（二）出行安全知识。

（三）个人安全及自我保护常识。

（四）呼救常识。

（五）安全用电、用气常识。

2.3　卫生知识

（一）个人卫生常识。

（二）环境卫生知识。

（三）饮食卫生知识。

3　工作要求

3.1　家政服务员（附表）

附表　家政服务员工作要求

职业功能	工作内容	技能要求	相关知识
一、家庭礼仪	（一）言谈举止	1.运用恰当方式接待客人 2.正确接打电话 3.坐姿、站姿、走姿得体 4.掌握常用文明用语	
	（二）仪表仪容	1.衣着整洁 2.讲究个人卫生	1.迎送客人的基本常识 2.沏茶倒水的方法和注意事项 3.接打电话的注意事项 4.坐、站、走姿注意事项 5.常用的文明用语着装的注意事项
	（三）生活习俗	尊重用户的生活习俗	我国少数民族的生活习俗
二、操持家务	（一）制作家庭餐 1.简单主食制作 2.一般菜肴烹调	1.掌握蒸、煮两种主食制作技法 2.掌握蒸、炒、炖、拌四种烹调技法 3.掌握选、削、择及洗涤常见蔬菜的方法 4.掌握切、剁、削、刮等常用刀法，能将原料加工成丁、片、段、块等形状 5.能简单配制一般菜肴	1.主食制作中原料和水的比例及水温标准 2.馅料调拌的常识 3.基本调味品的使用常识 4.火候使用的常识 5.食品成熟性状的鉴别 6.原料的合理搭配 7.食品（原料及成品）鉴别及保管的基本常识
	（二）家居保洁 1.清扫地间 2.擦拭家具及用品 3.清洁厨房和卫生间	1.运用正确方法清洁一般地面，掌握清扫和擦拭的程序 2.掌握正确擦拭一般家具及用品的方法 3.按照要求采用正确方法清洁厨房、清洁卫生间	1.不同类型地砖的清扫常识 2.木地板、地毯的清扫常识 3.家具的有关知识 4.一般清洁剂的性能和使用常识
	（三）衣物的洗涤和保管 1.洗涤一般衣物 2.分类摆放衣物	1.依据衣物的特性选用洗涤剂 2.掌握手洗和机洗的正确方法 3.掌握晾晒和叠放衣物的正确方法 4.清洁鞋帽	1.衣物的一般特性 2.洗涤剂的用途 3.衣物洗涤的一般常识

续表

职业功能	工作内容	技能要求	相关知识
二、操持家务	（四）家用电器和燃具使用 1.洗衣机、冰箱、微波炉、吸尘器的使用 2.燃气具、热水器、取暖器及非电器炉灶的使用	1.掌握正确使用洗衣机、冰箱、微波炉、吸尘器的方法 2.掌握正确使用燃具、热水器、取暖器的方法	1.家用电器的性能和使用注意事项 2.煤、煤气、天然气的使用常识
	（五）采买与记账	1.能够按要求购买日常生活用品和食品 2.能够记录采买明细账目	1.常见生活用品和食品购买须知 2.一般记账方法
三、看护婴幼儿	（一）饮食料理 1.制作婴幼儿主、辅食 2.辅助婴幼儿进食	1.能够正确调配奶粉 2.能按要求制作简单的主、辅食 3.能按要求给婴儿喂奶，辅助幼儿进食、进水	1.调配奶粉的方法和注意事项 2.婴幼儿主、辅食的特性 3.辅助婴幼儿进食的方法和注意事项
	（二）起居料理 1.照料婴幼儿穿脱衣服 2.照料婴幼儿清洗 3.照料婴幼儿便溺 4.照料婴幼儿睡眠 5.照料婴幼儿活动	1.能正确抱、领婴幼儿 2.能够协助给婴幼儿穿、脱衣服，给婴儿换尿布 3.能够协助给婴幼儿洗澡和日常盥洗 4.能照料婴幼儿便溺 5.能运用正确的方法使婴幼儿较快入睡 6.能协助照料好婴幼儿的日常活动及出行	1.抱、领婴幼儿的方法和注意事项 2.婴幼儿洗澡和盥洗的程序及注意事项 3.看护婴幼儿活动的注意事项 4.洗涤婴幼儿衣物的注意事项 5.对婴幼儿用具进行消毒的方法及注意事项
	（三）异常情况的发现与应对	1.发现异常情况能及时报告 2.能正确处理轻微外伤 3.能正确处理轻微烫伤	1.外伤紧急处理常识 2.烫伤紧急处理常识
四、照料老人	（一）饮食料理 1.制作老人主、副食品 2.照料老人进食	1.能够按要求制作老人适宜的主、副食品 2.依老人习惯，协助其合理进食	1.老年人饮食基本原则 2.老年食品的特性

职业功能	工作内容	技能要求	相关知识
四、照料老人	（二）日常起居料理 1.照料老人穿衣 2.照料老人盥洗 3.照料老人出行	1.能协助老人穿衣 2.能照料老人盥洗 3.能陪伴老人安全出行 4.能够与老人交谈，给老人阅读书报	1.老年人的行动特点 2.外出注意事项
	（三）突发情况的应对 1.常见突发病 2.外伤	1.发现异常及时报告 2.轻微外伤的处理	外伤紧急处理常识
五、看护病人	（一）饮食料理	1.能按要求制作病人适宜的菜肴 2.能按要求制作3种流食和半流食 3.能给卧床病人喂水、喂饭	1.病人饮食的一般特点 2.流质饮食的制作方法和注意事项
	（二）起居料理 1.照料病人洗漱 2.照料病人便溺 3.为病人擦澡	1.能按要求照料病人洗漱 2.能按要求并采用正确的方法照料行动不便的病人便溺 3.能采用正确的方法给卧床病人擦洗、穿衣	1.预防褥疮的一般知识 2.擦澡的方法和注意事项
	（三）病情异常的发现与应对	1.能观察并发现病人异常情况 2.发现异常及时呼救	一般常见病的症状
六、护理孕妇与产妇	（一）孕妇护理	1.照料孕妇洗澡 2.陪孕妇安全出行	1.孕妇的生理变化 2.外出注意事项
	（二）产妇护理	1.正确给产妇换洗衣物 2.照料产妇沐浴	1.产妇饮食的一般特点 2.产妇的日常生活注意事项